山区公路洪灾形成机理与预警
——以重庆市为例

牟凤云 余 情 林孝松 著

U0207506

科学出版社

北京

内 容 简 介

　　洪灾是我国最常见、影响最大的灾害之一，严重威胁我国交通安全和社会稳定，成为制约社会经济可持续发展的重要挑战之一。本书针对山区县域公路洪灾，以孕灾机理和致灾危险与预警研究为基础，解决评价数据精细获取和公路洪灾与致灾因子耦合关系等关键科学问题。本书主要研究内容包括山区公路洪灾现状分析、山区公路洪灾孕灾机理、山区公路洪灾致灾与危险性评价、山区公路洪灾风险评估与预警等。本书对保障山区公路安全畅通、自然灾害抢险施救和山区社会经济稳定快速发展具有重要的意义，对实现洪灾的科学防灾减灾具有一定的探索意义。

　　本书可供遥感、地理、交通和洪涝灾害等相关专业领域的学者和研究生阅读参考，同时能够为从事公路灾害管理的相关人员提供技术参考。

审图号：渝 S（2024）002 号

图书在版编目（CIP）数据

　　山区公路洪灾形成机理与预警：以重庆市为例 / 牟凤云，余情，林孝松著. -- 北京：科学出版社，2024. 11. -- ISBN 978-7-03-080075-6

　　Ⅰ. P426.616

中国国家版本馆 CIP 数据核字第 2024PE4400 号

责任编辑：朱小刚 / 责任校对：杨聪敏
责任印制：罗　科 / 封面设计：陈　敬

科 学 出 版 社 出版

北京东黄城根北街 16 号
邮政编码：100717
http://www.sciencep.com

成都锦瑞印刷有限责任公司印刷
科学出版社发行　各地新华书店经销

*

2024 年 11 月第　一　版　　开本：B5（720×1000）
2024 年 11 月第一次印刷　　印张：12 3/4
字数：257 000

定价：148.00 元

（如有印装质量问题，我社负责调换）

前　言

受山区复杂地形地貌、强降雨天气和人类活动的影响，我国洪灾频繁发生，灾损严重。公路交通对于我国山区社会经济发展具有重要战略意义。我国山区公路路线长，沿线孕灾和致灾因子复杂多变，灾情导致经济损失严重，从山区公路安全畅通、山区社会经济发展以及公共安全角度来看，公路洪灾防治迫切需要洪灾形成机理研究等方面的科技支撑。

在此背景下，作者聚焦于山区公路洪灾防灾与预警的研究，以地理科学为主体，融合岩土力学、水文学、气象学、地貌学、灾害学，以及地理信息系统(geographic information system，GIS)与遥感(remote sensing，RS)等理论与技术，以"孕灾机理"和"致灾危险与预警"研究为基础，探究山区县域公路洪灾形成机制。研究成果为我国公路洪灾危险评价体系的建立提供理论和技术基础，为交通管理部门的防灾减灾决策提供科学依据，对保障山区公路安全畅通、自然灾害抢险施救和山区社会经济稳定快速发展具有重要的意义。全书共4章，具体内容如下。

第1章为山区公路洪灾现状分析，主要介绍当前山区公路洪灾相关概念、重庆市山区地形地貌特征分析、重庆市山区历史雨情特征分析、重庆市山区公路路网发展变化、山区公路洪灾灾情特征分析等，并综述公路洪灾国内外研究现状。

第2章为山区公路洪灾孕灾机理，主要介绍山区公路洪灾孕灾环境因素、山区公路洪灾孕灾环境指标体系、山区公路洪灾孕灾范围及地形信息提取、山区公路洪灾防治动态精细分段、多尺度公路洪灾孕灾环境综合分区等。

第3章为山区公路洪灾致灾与危险性评价，主要介绍山区公路洪灾致灾因子分析、山区公路洪灾致灾数据精细模拟、山区公路洪灾危险性评价指标、山区公路洪灾多尺度危险性评价等。

第4章为山区公路洪灾风险评估与预警，主要介绍山区公路洪灾易损性评价、山区公路洪灾风险评估、山区公路洪灾降雨-径流预警等。

本书的写作框架主要由牟凤云、余情、林孝松等提出完成，并负责全书内容写作和统稿工作。研究生李梦梅、杨猛、龙秋月、张莉、黄淇、何清芸、陈建坤、张羽佳、汪孝之、邹昕宸、邵志豪等参与了部分内容整理、数据处理、图表清绘及文字校对工作。

本书的出版得到了国家自然科学基金青年基金项目(41601564)的支持，还得到了自然资源部智能城市时空信息与装备工程技术创新中心等单位的大力支持，在此表示衷心的感谢。

　　本书是作者多年项目研究成果的汇总和集成，鉴于对内容完整性和结构合理性的考虑，对部分已在期刊发表的内容也进行了梳理。同时，本书撰写的过程中，引用了相关专家学者的研究成果，虽然已有标注和说明，但不可避免地存在遗漏之处，谨向他们表示感谢。

　　限于作者水平，书中不足之处在所难免，恳请广大读者不吝赐教。

目 录

前言
第1章 山区公路洪灾现状分析 ……………………………………………… 1
  1.1 山区公路洪灾概述 ………………………………………………… 1
    1.1.1 公路洪灾相关概念 ……………………………………………… 1
    1.1.2 公路洪灾类型 ………………………………………………… 2
  1.2 山区地形地貌特征分析——以重庆市为例 ……………………… 3
    1.2.1 地貌类型与起伏度特征 ………………………………………… 3
    1.2.2 坡度和地表切割深度特征 ……………………………………… 6
  1.3 山区历史雨情特征分析——以重庆市为例 ……………………… 8
    1.3.1 2009～2019年降水量 ………………………………………… 8
    1.3.2 暴雨频次特征 ………………………………………………… 9
  1.4 山区公路路网发展变化——以重庆市为例 ……………………… 10
    1.4.1 公路里程变化 ………………………………………………… 10
    1.4.2 公路路网密度变化 …………………………………………… 10
  1.5 山区公路洪灾灾情特征分析 ……………………………………… 11
    1.5.1 点多面广且类型多样 ………………………………………… 11
    1.5.2 损失严重且影响深远 ………………………………………… 11
    1.5.3 时空分布不均匀 ……………………………………………… 12
  1.6 公路洪灾国内外研究现状 ………………………………………… 13
    1.6.1 公路洪灾孕灾环境分析 ……………………………………… 13
    1.6.2 公路洪灾危险性评价 ………………………………………… 14
    1.6.3 公路洪灾风险评估与预警 …………………………………… 15
第2章 山区公路洪灾孕灾机理 …………………………………………… 17
  2.1 山区公路洪灾孕灾环境因素 ……………………………………… 17
    2.1.1 地形地貌因素 ………………………………………………… 17
    2.1.2 地质岩性因素 ………………………………………………… 18
    2.1.3 气象降雨因素 ………………………………………………… 18
    2.1.4 植被覆盖因素 ………………………………………………… 19
    2.1.5 历史灾害因素 ………………………………………………… 19

　　　　2.1.6　人类活动因素 ·· 19
　2.2　山区公路洪灾孕灾环境指标体系 ·· 20
　　　　2.2.1　评价指标选取 ·· 20
　　　　2.2.2　指标权重确定 ·· 22
　2.3　山区公路洪灾孕灾范围及地形信息提取 ······································ 24
　　　　2.3.1　公路沿线小流域划分 ·· 24
　　　　2.3.2　山区县域微地貌体系提取及其空间特征分析 ····························· 38
　2.4　山区公路洪灾防治动态精细分段 ·· 54
　　　　2.4.1　基于管理标志公路精细分段研究 ·· 55
　　　　2.4.2　基于自然标志公路精细分段研究 ·· 58
　2.5　多尺度公路洪灾孕灾环境综合分区 ·· 62
　　　　2.5.1　大尺度公路洪灾孕灾环境分区 ·· 62
　　　　2.5.2　中尺度公路洪灾孕灾环境分区 ·· 65
　　　　2.5.3　小尺度公路洪灾孕灾环境分区 ·· 67

第3章　山区公路洪灾致灾与危险性评价 ··· 74
　3.1　山区公路洪灾致灾因子分析 ··· 74
　　　　3.1.1　暴雨强度 ·· 74
　　　　3.1.2　洪水频次 ·· 75
　　　　3.1.3　汇流累积量 ·· 75
　3.2　山区公路洪灾致灾数据精细模拟 ·· 77
　　　　3.2.1　山区降水量时空分布精细模拟 ·· 77
　　　　3.2.2　山区暴雨-径流多情景模拟 ··· 88
　3.3　山区公路洪灾危险性评价指标 ·· 106
　　　　3.3.1　评价指标选取 ··· 106
　　　　3.3.2　指标权重确定 ··· 108
　3.4　山区公路洪灾多尺度危险性评价 ··· 113
　　　　3.4.1　基于格网尺度的危险性评价 ·· 113
　　　　3.4.2　基于小流域尺度的危险性评价 ··· 116
　　　　3.4.3　基于镇域尺度的危险性评价 ·· 122

第4章　山区公路洪灾风险评估与预警 ··· 127
　4.1　山区公路洪灾易损性评价 ··· 127
　　　　4.1.1　公路洪灾承灾体类型与价值核算 ··· 127
　　　　4.1.2　承灾体易损性评价指标 ·· 144
　　　　4.1.3　承灾体易损性评价方法 ·· 147
　4.2　山区公路洪灾风险评估 ··· 170

　　4.2.1　山区公路洪灾风险定性分析 …………………………………… 170

　　4.2.2　山区公路洪灾风险定量评估 …………………………………… 175

　4.3　山区公路洪灾降雨-径流预警 ……………………………………… 180

　　4.3.1　研究方法 ………………………………………………………… 180

　　4.3.2　案例分析 ………………………………………………………… 181

参考文献 …………………………………………………………………… 191

第1章 山区公路洪灾现状分析

1.1 山区公路洪灾概述

1.1.1 公路洪灾相关概念

洪涝灾害(简称"洪灾")包括洪水灾害和雨涝灾害两类。其中,由强降雨、冰雪融化、冰凌、堤坝溃决、风暴潮等引起江河湖泊及沿海水量增加、水位上涨而泛滥,以及山洪暴发所造成的灾害称为洪水灾害。因大雨、暴雨或长期降水过于集中而产生大量的积水和径流,排水不及时,致使土地、房屋等渍水、受淹而造成的灾害称为雨涝灾害。洪水灾害和雨涝灾害往往同时或连续发生在同一地区,有时难以准确界定,因此统称为洪涝灾害。其中,洪水灾害按照成因,可分为暴雨洪水、融雪洪水、冰凌洪水、风暴潮洪水等。根据雨涝发生季节和危害特点,可将雨涝灾害分为春涝、夏涝、夏秋涝和秋涝等。

我国西南地区由于特殊的地形地貌和气候气象条件,在汛期频繁受到洪水灾害的影响,造成巨大的损失,严重制约山区社会经济的发展。山区公路作为特殊的线状构筑物,洪水灾害成为影响公路交通最主要的自然灾害,其破坏力和影响范围居各种公路灾害之首。

公路洪灾是指因强降雨与洪水及其引发的一系列地质灾害(滑坡、泥石流和崩塌等)对公路基础设施或者交通运输造成直接或间接损失的灾害事件,在交通行业又称为公路水毁,公路水毁是道路、桥梁等交通基础设施遭到暴雨与洪水破坏的一种严重自然灾害,属于水圈灾害和地圈灾害的范畴。

我国山区公路路线长,地形及环境条件变化多样,导致公路灾害的发生因素具有多样性。据资料统计,在2003~2013年,我国西南地区平均每年因公路洪灾所造成的损失高达30亿元以上;据交通运输部2006~2010年统计,我国公路洪灾造成的直接经济损失共计659.37亿元,2010年洪灾共造成28条高速公路、15条国道和数十条省道交通中断;据2006~2014年资料统计,重庆市受洪灾影响导致公路中断总数达1350条次;据2010~2016年《中国水旱灾害公报》统计,我国因洪灾造成公路交通中断累计达26万多条次,其中重庆市受洪灾影响导致公路中断总数达7951条次。

1.1.2 公路洪灾类型

1. 承灾体类型

对公路洪灾而言,其承灾体主要有沿河路基、路面、挡土结构和小桥涵四种。

1) 沿河路基

在洪水作用下,沿河路基的破坏形式主要表现为路基坍塌和路基沉陷。沿河公路的抗毁能力很大程度上取决于冲蚀槽深度、路基沉陷量、路基材料、洪水流速和路基所处位置。其中,路基坍塌主要是由路基下部被洪水掏空进而形成冲蚀槽诱发的;路基沉陷主要是因为路基受洪水的浸泡和侵蚀后产生的路基沉降量过大,与路基材料、洪水流速和路基位置有关。

2) 路面

路面的破坏形式主要表现为路面淹没,路面拔河高度和洪水位的相对高差是路面淹没的主要原因。

3) 挡土结构

挡土结构作为承灾体的破坏形式主要体现在强降雨诱发坡面泥石流或表层土体滑坡形成后,挡土结构承受的推力增大,此时挡土结构的稳定系数和强度验算结果会发生劣化。其破坏程度主要由其自身结构的稳定性、材料和墙身强度决定。

4) 小桥涵

小桥涵作为承灾体的破坏形式主要是小桥涵的过流能力不能达到洪水来临时小桥涵的排洪能力。小桥涵的破坏主要与设计洪水流量、河床的地质情况、河流的形态特征以及小桥涵进出口形式所允许的平均流速条件有关。

2. 国内公路洪灾类型及其特征分类

基于损毁结果的差异,按照各承灾体损毁后所呈现的破坏形态进行分类,公路洪灾类型主要包括坡面泥石流、表层土体滑坡、路基沉陷、路基坍塌、路面淹没、防护结构水毁和小桥涵水毁等。

1) 坡面泥石流

坡面泥石流形成区和流通区基本重合,位于公路内侧边坡表面,土体厚度在3m以内,地表坡角为15°~45°,植被覆盖度低,由降雨诱发,多呈现为坡积裙,位于公路内侧或占据整个路面。

2) 表层土体滑坡

公路内侧边坡角为20°~50°,土体厚度大于3m(含强风化岩体),由降雨诱发,植被覆盖度低,多呈坡积物堆积,从而造成路面沉降,产生路基缺口。

3) 路基沉陷

路基垂直方向上产生较大的沉降,路基的不均匀沉陷造成局部路段的基层被破坏,进而使路面破损,如水泥混凝土路面的断板,沥青混凝土路面的坑槽、龟裂等,路面行驶质量下降,影响行车安全,严重时会阻断交通。

4) 路基坍塌

沿河公路河流凹岸坡或河流深槽段岸坡公路,在河流水体尤其是洪水冲击作用下,路基下部岩土体易冲蚀,造成路基坍塌。土质路基易发生坍塌,坍塌长度、宽度是路基坍塌的主要特征。

5) 路面淹没

暴雨期间河流水位暴涨,河流水位超过路面设计标高后会造成路面淹没。同时,淹没路段洪水消退后路面易堆积砂、石、漂浮物等。

6) 防护结构水毁

防护结构主要是指沿河公路护岸结构,位于河流凹岸的导流墙(坝)易于被洪水及其挟带的漂浮物冲击毁损。

7) 小桥涵水毁

在山洪暴发时,洪水冲刷使桥涵基础被掏空,致使小桥涵失稳损坏或被毁。小桥涵水毁一旦发生,轻则洪水涌上路面,重则小桥涵被冲断,从而中断交通。

1.2　山区地形地貌特征分析——以重庆市为例

1.2.1　地貌类型与起伏度特征

地形地貌是影响公路洪灾产生的下垫面因素,主要包括地形起伏度、微地貌和地形坡位等。其中,地形起伏度越大,汇集成溪河洪水所用的时间越短,上涨幅度越大,水位越高,水量越集中,破坏性越大,极易形成灾害;微地貌是相对于宏观地貌较为微小的地貌形态,不同地貌形态汇积水量的能力不同,从而导致其孕灾程度不同;地形坡位是微地貌的另一种体现,主要表明所处地貌部位,若坡位为山脊,则水量少,发生灾害的可能性较小。

1. 重庆市地貌类型及地形起伏度分布特征

重庆市地貌类型多样,有中山、低山、丘陵、台地和平原等五大类。重庆市地势起伏大,东部、东南部和南部地势高,最高处界梁山主峰阴条岭的海拔为2796.8m;西部地势低,最低处巫山长江水面的海拔为73.1m,如图1.1所示。重庆市地区分异明显,华蓥山以西为丘陵地貌;华蓥山至方斗山之间为平行岭谷区;北部为大巴山区中山山地;东部、东南部和南部属巫山、武陵山、大娄山山区。区内喀斯特地貌大量分布,主要分布于东部和东南部。

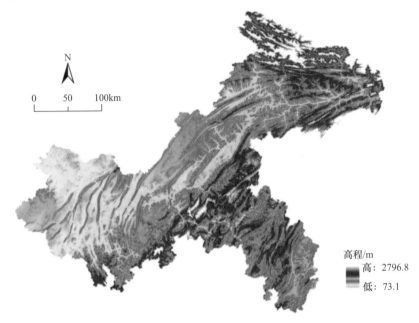

图 1.1　重庆市高程分布图

1) 中山

中山主要分布于重庆市的东北部和东南部，按其成因又可分为复背斜构造中山、背斜构造中山、侵蚀剥蚀中山等类型。复背斜构造中山组成大巴山地的主体，主要有插旗山、磨盘山等。插旗山海拔在 2000m 以上，主峰光头山海拔达 2686m，是东、西溪河的分水岭。从山体形态来看，受其岩性的控制，若三叠系须家河组砂岩为轴部的山岭，则呈"一山一岭"形态，山岭受横向裂隙和沟谷分割，常呈锯齿岭脊；若山体核部由三叠系嘉陵江组灰岩组成，则沿着构造线方向发育长条状，谷底低平的喀斯特槽谷，两侧被须家河组构成的单斜山岭夹持，呈"一山一槽二岭"形态。

2) 低山

山体受地质构造控制，大部呈南北向展布。海拔由南向北逐渐降低，即由南部海拔 1000m 左右至长江沿岸降为 500~600m。山体海拔均高于两侧背斜构造低山 100~200m，呈地形倒置现象。山体由白垩系夹关组、侏罗系蓬莱镇组、遂宁组砂、泥岩组成。山坡多呈阶梯状，阶梯的级数和高度取决于砂岩的层次和厚度。山顶地势较平缓，常有锥状、桌状残丘点缀其上。单斜构造低山主要分布于长江以南的綦江、涪陵、武隆等地区，多由侏罗系上、下沙溪庙组及须家河组砂、泥岩组成。

特征如下：

(1) 山脊线与构造线相吻合，多由砂岩构成长垣状山岭；若岭脊被横向沟谷分割，则呈锯齿状山岭。

(2) 山体形态受岩性和岩层倾角控制，顺倾坡角与岩层倾角基本一致，形态呈单面山或猪背脊。

3) 丘陵

丘陵按其形态可分为缓丘陵、低丘陵、中丘陵和高丘陵等，根据成因又可分为水平构造丘陵、单斜构造丘陵、侵蚀剥蚀丘陵和剥蚀残积丘陵等。

水平构造丘陵主要分布于岩层倾角小于 7°的向斜构造轴部附近地区及疏缓褶皱地区。按其形状可分为台状丘陵和方山丘陵两种。其中，台状丘陵的丘顶平缓，沟谷分割较浅，呈波状起伏，俗称"坪"或"寨子"；方山丘陵的丘坡陡峻，多为阶梯状，风化剥落及重力崩塌严重。单斜构造丘陵主要分布于背斜构造山地的两侧，由侏罗系砂泥岩或灰岩组成，海拔为 400～500m。其山体形态因砂、泥岩互层，抗蚀力悬殊，泥岩出露地区常发育次成谷，砂岩形成单面山或猪背脊的硬盖。单斜构造丘陵多沿构造线展布，常有数列平行排列，其列数取决于砂岩的层次，即一层一列单斜构造丘陵，它的高度向背斜山地逐渐升高，从低丘至中丘，再至高丘，呈叠瓦式组合。侵蚀剥蚀丘陵是指由硬岩、软岩构成的单斜构造丘陵或方山丘陵，硬盖被蚀，丘体泥、页岩进一步被剥蚀后，其高度降低，形状多呈锥状或馒头状，坡形多为凹坡。剥蚀残积丘陵因流水剥蚀导致丘坡不断后退，丘体日益缩小，丘间谷地因接受堆积逐渐扩宽、展平，丘体总面积小于丘间谷地的面积，比高小于 20m，多呈圆锥形，坳谷发育，常称"缓丘带坝"。

4) 台地

台地为丘陵地和高地上，地形平坦且地势开阔的地形，不同于山地丘陵平原。

5) 平原

重庆市平原面积很小，仅 1970.7km²，占全市总面积的 2.39%。平原按其成因可分为冲积洪积平原、剥蚀残积平原、喀斯特平原和湖成平原四种类型。

2. 复杂地貌对公路建设和公路洪灾的影响

重庆市峡谷众多，公路洪灾频繁发生。重庆地区地貌类型复杂多样，地表切割深度大，暴雨频率高，是我国公路洪灾多发区和重灾区，公路洪灾频发，公路建设受到严重影响。

重庆地区因暴雨诱发的崩塌、滑坡等灾害数量占灾害总数的 70%以上。长江及其支流沿岸崩塌、滑坡等在空间上分布占总数的 63.98%。在洪水暴发时，岩体被淹没，受软化饱和及浮托作用，在消落时产生巨大的动力压力，导致公路洪灾发生。河流冲淤作用改变岸坡,从而使岩体临空状况和受力分布状况发生变化,岩体失稳,凹岸发生滑坡概率可达 34%,平直岸和凹岸多为公路地基崩塌。

重庆公路洪灾小型居多,大型较少。据重庆市计委国土环保计划处 1998 年调查,重庆三峡库区小型公路洪灾数量占总数的 79.4%;中型公路洪灾数量占总数的 16.4%;大型及巨型公路洪灾数量仅占总数的 4.2%。小型公路洪灾主要分布于主城区及交通线一带,多为堆积滑坡;中、大型公路洪灾主要分布于长江沿岸的万州、云阳、奉节、巫山等地。

重庆公路洪灾发生区域相对集中。重庆公路洪灾分布受地质构造、岩性和地貌的制约,具有线、点相对集中的特征。轴线集中分布于长江及支流嘉陵江、乌江、小江、大宁河、大巴山区的任河和东南部酉水沿岸狭长地带,特别是丰都到巫山沿岸,大型和巨型崩塌、滑坡达 45 处,滑塌总体积为 17.64 亿 m³,且相对集中于城区。万州城区约 30km² 的范围内,崩塌、滑坡就有 32 处,承灾体面积为 9.2km²,约占全城面积的 1/3;重庆市主城区公路洪灾达 201 处,面积为 235.7 万 m²,万州城区和重庆市主城区的公路洪灾面积分别是库区公路洪灾面积平均数的 6.2 倍和 2.7 倍。

1.2.2 坡度和地表切割深度特征

地区地形地貌越复杂,地势越险峻,其地质构造越活跃,岩土体越破碎。坡度与地表切割深度可以很好地反映出一个地区地貌形态的复杂程度。首先,坡度表示地表单元陡缓的程度,可用"度"作为单位,一般来讲,坡度大的地区,地貌形态较复杂且起伏度较大,多数属于地质构造活跃区域,岩性较松软且破碎,当遇到区域强降雨时,水流落差大,流速湍急,地表碎屑物易被冲刷形成山洪的物质基础。此外,坡度大的地区水流湍急,渗透力小,易于冲出原有河道,伴随碎屑物形成洪水灾害,坡度变化大的区域,多属于次生滑坡和崩塌等地质灾害高发、多发区。影响泥石流等次生地质灾害的运动状态和持续时间的两个主要因素是河流水系河谷形状和河床坡降运动,可造成较强的破坏力。由此可知,地形坡度是控制山洪灾害分布的主要因素之一。重庆市坡度分布如图 1.2 所示。

地表切割深度是描述区域地形的一个宏观性指标,具体综合表现为区域地表起伏高低和地表崎岖不平。地表崎岖不平一方面表现为地表坡度较大,山陡沟深落差大;另一方面表现为山势起伏连绵崎岖,地形破碎,地势起伏大。相对于地形起伏度高的区域,起伏度低的区域较为平坦,地貌形态较单一,标志着地质构造不会很活跃,岩石硬度较高,发生地质灾害的密度较小、程度较低。因此,地表切割深度作为孕灾环境分区的重要指标之一,它对公路洪灾的空间分布具有重

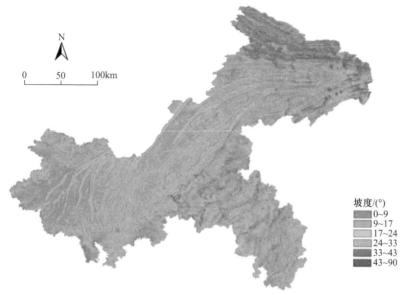

图 1.2　重庆市坡度分布图

要的影响。地表切割深度越深，地质构造越活跃，地形地貌也就越复杂，在强降雨来袭时，越易发生水土流失，从而引发公路洪灾。重庆市地表切割深度分布如图 1.3所示。

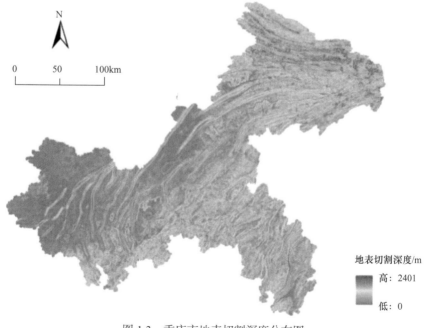

图 1.3　重庆市地表切割深度分布图

　　重庆市属多山且地貌复杂地区，丘陵纵横，起伏度较大，地质构造活跃，地表纹理破碎，加之近年来山区镇域开发力度加大，植被砍伐加剧，各种工程建设分布广泛，植被覆盖度急剧减小，原有生态环境被破坏，并且该地区潮湿多雨，水土流失加剧，为山洪灾害的发生提供了条件。因此，通过坡度与起伏度的量化值来反映研究地区的地貌形态，判断各地区孕育山洪灾害的难易程度，可为最后的危险性评价提供数据支撑。

　　坡度和地表切割深度对公路洪灾发生的概率影响较大。从统计资料来看，重庆西部坡度较缓，为 0°～20°，发生公路洪灾的概率较小；西南部与东北部坡度为 20°～30°，发生公路洪灾的概率较大，可间接性引发滑坡和泥石流等灾害；北部为边缘高山区，坡度为 30°～70°，发生公路洪灾的概率最大。地表切割深度为公路洪灾形成提供了动力条件，若山体高、坡度大，地表切割深度较深，则处于高势能、低阻力状态的水体和土体就极不稳定，可以快速起动，高速运动，迅速成灾；若山体低、坡度小，地表切割深度较浅，则区域水土保持相对稳定，区域成灾缓慢。地表切割深度对公路洪灾的影响主要体现在两个方面，一方面是为溪河洪水、泥石流灾害的发生提供势能条件；另一方面是为泥石流、滑坡灾害提供充足的固体物质和滑动条件。

1.3　山区历史雨情特征分析——以重庆市为例

1.3.1　2009～2019 年降水量

　　降雨(尤其是暴雨)是引发公路洪灾的关键因子。降雨强度较大，易引起山坡公路的边坡发生坡面泥石流、表层土体滑坡；高强度的降雨使洪水水位增高，引起沿河公路路基坍塌、路基沉陷和路面淹没，诱发小桥涵水毁和防护结构水毁等公路洪灾。

　　重庆市位于中亚热带湿润季风气候区，降水量充沛，多暴雨，年降水量达 1000mm 以上，时空分配不均。根据 2009～2019 年重庆市气象资料统计，降雨主要集中于 4～10 月，占全年降水量的 70%～80%。公路洪灾与降雨强度和持续时间密切相关，与降雨强度、降雨历时有对应性，因此每年公路洪灾集中在 6～8 月发生。

　　根据《中国自然灾害综合地图集》中的全国暴雨地图资料，结合重庆市暴雨等值线图及相关气象站点的暴雨数据等相关资料，利用 ArcGIS 软件的空间分析功能，将各细分网格的暴雨值求平均汇总到各区县，得到各区县 2009～2019 年的年均降水量数据，最后采用色彩递变法将各区县 2009～2019 年的年均降水量以专题地图的形式反映出来，如图 1.4 所示。

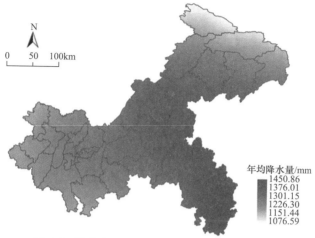

图 1.4　重庆市 2009～2019 年年均降水量分布图

1.3.2　暴雨频次特征

重庆市公路洪灾损失年际变化大,与暴雨年际变化基本一致;重庆市暴雨和特大暴雨主要集中在 4～9 月,这时期是重庆市公路洪灾的频发期,6～8 月的主汛期更是公路洪灾的多发期。此外,重庆市的暴雨强度高且具有突发性,从降雨到洪灾形成历时一般只有几个小时,短则不到 1h,且山区坡高谷深起伏大,导致公路沿线区域河流产流和汇流快、流速大,诱发的洪灾具有突发性强的特点。

通过对重庆市 2009～2019 年暴雨频次统计可知,渝东南地区为暴雨灾害高风险区,渝中地区为暴雨灾害较高风险区,渝西及渝东北地区为暴雨灾害较低风险区,如图 1.5 所示。

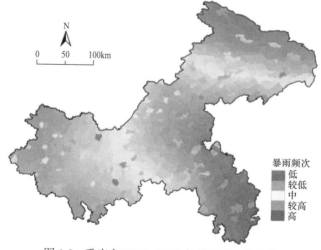

图 1.5　重庆市 2009～2019 年暴雨频次分布图

1.4　山区公路路网发展变化——以重庆市为例

1.4.1　公路里程变化

2009～2019 年,重庆市公路运输业快速发展,公路大量扩建,公路里程数随之大量增加,由 2009 年的 108632km 扩建至 2019 年的 157483km。重庆市大多数区县的公路里程呈现出增大的趋势,只有少数区县(如开州区、云阳县、奉节县等)的公路里程呈现减小的趋势。此外,重庆市主城九区占地面积相对较小且属于建成区,公路扩建较少;主城九区周边的区县(如涪陵区、璧山区、铜梁区等)占地面积相对较大且近年来发展快速,公路扩建较多,公路里程增幅也较大;位于渝东北和渝东南地区的区县(如开州区、云阳县、奉节县等),由于发展速度较缓,公路扩建较少,公路里程下降,如图 1.6 所示。

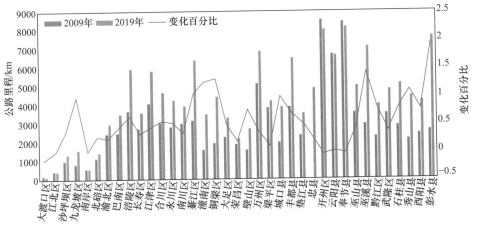

图 1.6　重庆市各区县 2009～2019 年公路里程增幅情况

1.4.2　公路路网密度变化

总体而言,重庆市公路路网密度呈现出由稀疏向密集发展的趋势,图 1.7 为重庆市 2009～2019 年公路路网密度变化情况。由图可见,重庆市主城九区的公路路网密度变化程度最高,主城九区周边区县公路路网密度变化程度次之,位于渝东南地区的区县公路路网密度变化程度较低,位于渝东北地区的区县公路路网密度变化程度最低。

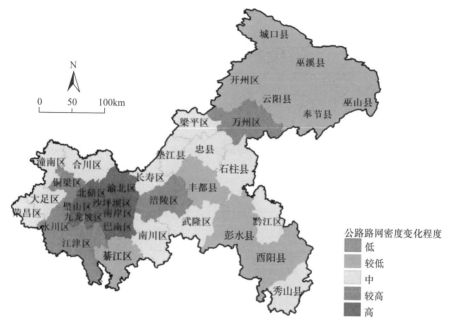

图 1.7　重庆市 2009～2019 年公路路网密度变化程度

1.5　山区公路洪灾灾情特征分析

1.5.1　点多面广且类型多样

公路洪灾的发生与降雨、地形、地质以及人类活动等因素密切相关，降雨、地形、地质以及人类活动在西南地区整个区域内表现出不同的特点，尤其是重庆市公路沿线地形地质状况复杂多样，降雨时空分布不均，公路洪灾表现出数量大、分布范围广、季节性强、频率高和灾情类型多样等特点。

1.5.2　损失严重且影响深远

公路洪灾的直接损失包括两大部分，一部分是洪灾对公路路基、路面、护坡、挡墙等防护工程的破坏，造成桥梁及涵洞的淹没、堵塞、坍塌和冲毁等，直接以工程形态破坏体现的经济损失；另一部分是洪水造成交通中断，阻断道路来往通行，延缓灾害救援时间带来的损失。2011～2019 年重庆市公路洪灾毁损情况如表 1.1 所示。

表 1.1　2011～2019 年重庆市公路洪灾毁损情况

年份	直接经济损失/万元	路面路基损毁长度/km	桥梁损毁数量/座	涵洞损毁数量/道	防护工程损毁数量/处	坍塌方数量/(处/万 m²)	中断数量/(处/条)
2011	11165	4457	153	2549	3821	13531	986.2
2012	13990.2	4802	377	4280	5121	14686	1470.8
2013	18484.2	5587	290	5786	5803	19642	1400.3
2014	19916.4	5514	297	4762	6442	22102	1634.6
2015	22741.6	5859	521	6493	7742	23257	2119.2
2016	27235.6	6644	434	7999	8424	28213	2048.7
2017	28667.8	6571	441	6975	9063	30673	2283
2018	31493	6916	665	8706	10363	31828	2767.6
2019	35987	7701	578	10212	11045	36784	2697.1

公路洪灾造成的重大影响之一是交通中断。交通中断首先体现为交通中断时间,其次体现为公路中断的条数和中断处的数量。中断时间从短时间中断(数小时)到长时段中断(几天)均存在,交通中断不仅会对抢险施救工作的开展造成影响,还会对灾区人民的正常生活、社会稳定以及经济发展造成较大的影响。

1.5.3　时空分布不均匀

重庆市公路在全国公路分布中情况特殊,路线长,各路段面临的地形地貌、地质、气象和水文等情况复杂多样,公路洪灾的孕灾环境和致灾因子等在公路沿线分布存在明显的不均匀性。公路洪灾的空间分布不均体现在各行政区、各公路路线以及同一路线不同路段分布不均等方面。

在行政区之间,由重庆市公路洪灾点分布图可以看出,公路洪灾点多面广,各区县之间存在较大的差别;由重庆市 2019 年各区县公路洪灾直接经济损失分布图(图 1.8)可以看出,各区县之间直接经济损失存在明显的差异,且存在空间分布不均匀特性。

公路洪灾造成的损失和各类灾害的形成在时间上的分布也是不同的,与暴雨时间分布规律基本一致。重庆市公路洪灾损失年际变化大,与暴雨年际变化基本一致;重庆市公路洪灾年变化也很明显,暴雨和特大暴雨主要集中在 4～9 月,这也是重庆市公路洪灾的频发期,6～8 月的主汛期更是公路洪灾的多发期。例如,在 2010 年 7 月 8 日～7 月 10 日的特大暴雨中,重庆市有 19 个区县降水量超过 100mm,其中彭水县和酉阳县的降水量超过 200mm,造成公路洪灾损失达 2.1 亿元。

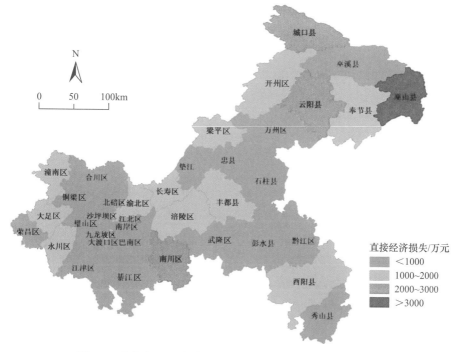

图 1.8　重庆市 2019 年各区县公路洪灾直接经济损失分布图

1.6　公路洪灾国内外研究现状

从复杂系统角度来看，公路洪灾危险性由孕灾环境稳定性和致灾因子危险性共同构成。公路洪灾危险性评价是对洪灾自然属性的综合评价过程。迄今为止，国内外科技工作者在公路洪灾孕灾环境分析、危险性评价、风险评估与预警等方面均取得了较丰硕的研究成果。

1.6.1　公路洪灾孕灾环境分析

公路洪灾的发生存在一定的影响因素和特定的孕育环境，灾害的发生均是多种因素共同作用的结果。孕灾环境分析主要体现在公路损毁与孕灾因子的关系以及孕灾环境综合分区两个方面。

陈洪凯等(1994)将四川境内易发水毁的工程地质岩组分为 4 类，统计分析了各类岩组的水毁潜力比；方向池(1999) 将云南省境内发生水毁的工程地质岩组分为 8 类，对每一类岩组发生公路水毁进行了统计分析；谢威等(2002)研究了公路水毁因子和森林平均覆盖率的相关关系；杨燕等(2004)利用距平相关百分率法对湖北省降雨因子、水毁公路组分和构筑物进行了分析；凌建明等(2008)

构建了重庆市公路水毁环境区划指标体系；张家明等(2011a)通过分析云南省公路水毁时空分布，研究了不同影响因子对云南省公路水毁时空分布规律的宏观控制机理。

白子培等(1993)将四川省公路水毁环境分为 6 个大区和 21 个小区；朱平一等(2001)将西藏自治区公路水毁分为极严重区、严重区、较严重区、较轻区和极轻区 5 个等级；覃庆梅等(2011)对重庆市万州区公路洪灾孕灾环境进行了等级区划分；林孝松等(2012)采用综合指数法建立了孕灾环境综合指数评价模型，以县区为单位对西南地区公路洪灾孕灾等级区进行了划分；唐红梅等(2014)采用模糊概率综合评价模型将四川阿坝州公路洪灾孕灾环境分为低易发区、中易发区、高易发区和危险区 4 个等级。

唐红梅等(2015)结合行业专家意见，遴选出地貌条件、地质条件、植被覆盖度、年均降水量、暴雨强度、潜在洪灾公路里程和路网密度等 7 个指标，利用模糊概率综合评价模型对四川省甘孜州公路洪灾孕灾环境进行了等级划分；伍仁杰等(2019a)选取地形地貌、降水量、河网密度、地层岩性、地质灾害发育状况、植被覆盖率、人口密度等 7 个孕灾环境因子建立了公路洪灾孕灾环境分区评价指标体系，运用灰色聚类分析法将贵州省县域公路划分为极高敏感区、高敏感区、中等敏感区和低敏感区 4 个等级区域；崔梦瑞等(2018)将地形起伏度、微地貌类型、夏半年降水量、河网密度和植被覆盖度等 5 个因子组成山区公路洪灾孕灾环境指标体系，对重庆市巫山县公路洪灾孕灾环境进行了多尺度评价。

1.6.2　公路洪灾危险性评价

公路洪灾危险性是指公路洪水灾害系统中孕育环境和致灾因子的各种自然属性特征的概率分布。危险性评价从风险诱发因素出发，研究受洪水威胁公路构筑物可能遭受洪水影响的强度和频度。相关研究主要集中在致灾因子与危险性评价指标以及危险性评价方法与危险分区两个方面。

王亚玲等(2005)根据小桥涵主要致灾因子，运用因素分析法提出小桥涵抗水灾能力的评价指标和相应评价标准；程尊兰等(2006)综合分析了影响路基水毁发育的因素，对川藏公路 G317 线路基水毁危险度进行了分段研究；Cai 等(2007)以大比例尺地形数据和三维道路数据为基础，利用 GIS 技术对洪水期公路被水淹没路段范围及其水深进行了研究；齐洪亮等(2014b)首先选取了公路洪灾影响因素特征参数，然后建立了沿河、边坡和平原 3 类公路洪水灾害危险性评价指标。

李家春等(2006)根据塌方量及其对交通的影响提出了公路边坡水毁灾害等级快速评估方法；曾蓉等(2010a)基于模糊数学构造了基于熵权的模糊综合评价模型，对重庆境内渝黔高速公路洪灾危险性进行了评价；钟鸣音等(2011)基于 GIS 软件和层次分析法(analytic hierarchy process，AHP)对重庆市万州区公路网洪灾危险性进行了分区评价；马保成等(2012)在因子等级划分的基础上提出了沿河公路水毁危险性指数计算方法；林孝松等(2015)从地形地貌、降水量、岩性、河网及植被等方面构建了四川省县域公路洪灾危险性评价指标体系，利用层次分析和专家效度相耦合的方法计算了各指标的权重，采用综合指数法建立了公路洪灾危险性评价综合指数模型；尹超等(2015)采用模糊综合评价法和专家调查法建立了危险性评价模型，构建了危险性评价指标体系和各指标权重，完成了山区公路洪水灾害危险性区划。

李梦梅等(2018)从孕灾环境和致灾因子两个方面选取了 9 个评价因子，建立了公路洪灾危险性评价指标体系，采用最优组合赋权法和可变多目标模糊优选理论，对重庆市巴南区进行了空间模糊综合评价；伍仁杰等(2019b)选取重庆市 38 个区/县城市年均降水量、公路沿线人口密度、洪水重现期、淹没面积和淹没天数共 5 个致灾因子作为评价指标建立危险性评价指标体系，构建了基于熵值法和复相关系数法的权重合成模型，运用优劣解距离(technique for order preference by similarity to an ideal solution，TOPSIS)法对重庆公路洪灾危险性进行了评价。

1.6.3 公路洪灾风险评估与预警

公路洪灾风险是指由暴雨洪水引起的公路构筑物损毁的期望损失值。开展公路洪灾风险评估与预警研究，可以为各级公路管理部门和养护部门的防灾减灾工作以及资源优化配置提供科学决策与依据。

曾蓉等(2010b)从危险性和易损性两个方面选取了 24 个评价因子，采用熵权模糊综合评价法对重庆境内渝黔高速公路进行了洪灾风险定量评价；Versini(2012)在道路淹没预警系统中使用雷达估计降雨，并实现实时预警；林孝松等(2013)从孕灾、致灾、承灾体和灾情四个方面构建了由 15 个评价指标组成的公路洪灾风险评估体系，采用综合评价法对重庆市涪陵区 G319 线 340 个单元路段进行了洪灾风险综合分区；沈水进等(2013)基于降水量等级指数法建立了公路水毁预警预报模型，以确定不同流域单元预警等级；齐洪亮等(2014a)根据山区沿河路基水毁灾害危险性和易损性分级建立了风险评价矩阵，对风险进行了分级评价。

唐红梅等(2018)从公路洪灾致灾机理、破坏形态方面，综合考虑致灾因子、孕灾环境、承灾体和灾情因子四个因素，遴选出公路造价等 11 个指标，构建了公路洪灾风险评估指标体系，并利用层次分析法、模糊概率理论建立了公路洪灾风险评估模型，对四川省雅安市公路洪灾风险进行了区划；Yoo 等(2019)在研究中评估了韩国山区山洪预警系统(mountain flood warning system，MFWS)山洪诱导(flash flood guidance，FFG)确定的不确定性。

综上所述，山区公路洪灾问题已成为山区可持续发展的主要制约因素，受到了国内外学术界和社会各界的高度关注。随着国内外对公路洪灾防灾减灾各方面问题认识的不断深化，研究重点从洪灾防治转变为洪灾风险评估与预警。为保证研究结果的精确性，提高支持减灾实际工作的力度和效果，公路洪灾风险评估的精细化程度还有待提高。在山区社会经济不断发展、自然环境特性不断改变的形势下，亟需加强山区公路洪灾形成过程、致灾机理及风险评估等方面的基础性科学研究。

第 2 章　山区公路洪灾孕灾机理

　　孕灾环境是由大气圈、水圈、岩石圈(包括土壤和植被)、生物圈和人类社会圈所构成的综合地球表层环境，但不是这些要素的简单叠加，而是体现在地球表层中一系列具有耗散特性的物质循环和能量流动以及信息与价值流动的过程。孕灾环境是由自然与社会的许多因素相互作用而形成的，其区域差异决定了致灾因子时空分布特征的背景，改善孕灾环境能有效减轻灾害的破坏程度。

　　本章主要从孕灾环境因素及指标体系、地形信息提取、山区县域微地貌体系最佳阈值确定、公路动态精细分段以及公路洪灾孕灾指标与综合分区等方面，对山区公路洪灾孕灾机理进行研究。

2.1　山区公路洪灾孕灾环境因素

2.1.1　地形地貌因素

　　地形地貌条件作为山区公路沿线孕灾环境因子之一，其与公路洪灾的发生有紧密联系。通常来讲，地形地貌条件对洪水形成的影响主要表现在两方面，即地表高程和地形地貌变化程度。地表高程代表地势高低；地形地貌变化程度代表不同地貌之间高低起伏切换情况。地貌条件影响洪水汇流，从而为洪灾的发生提供动力条件，无论在地貌复杂区域还是地势平坦地区，都存在引发洪水的诸多因素，因此地貌条件对洪水的影响情况迥异，视地区差异性而定。例如，山高坡陡地区即地表高程高且地势变化明显的地区，水流湍急且不易聚集，即使形成洪峰，其影响范围也较小；而地表高程低且地势变化较小的地区，水流缓慢且容易聚集，比较容易发生洪水且影响范围大。因此，同一地区在相同降雨条件下，地势陡峭的地方，汇流湍急，水流势能大，冲刷力强，容易形成暴雨型山洪灾害；而在地势平坦地区，水流量大且汇流缓慢，暴雨形成的洪水因排泄不畅而容易形成洪涝灾害。

　　山区公路带状路线长，其经历的沿线地形地貌复杂多样，因此孕灾环境存在较大的差异，在一定程度上决定了公路洪灾空间分布不均的特点。地形坡度大，高差大且降雨冲刷力强；地形坡度小，水不易流动且地表径流集中，可见地形坡度大或小均易成为公路洪灾暴发的前提。同时，复杂地形地貌导致区域性骤降雨增多，极易冲破小流域积蓄汇流能力，从而在极短的时间内形成溪河洪水，汇流聚集后形成洪水，再加上公路沿线河道调蓄能力弱，最终形成公路洪灾。因此，公路沿线地形地貌条件是针对公路洪灾类型研究中不得不考虑的一个重要因素。

2.1.2　地质岩性因素

地质岩性是指区域地质岩石的形成原因及软硬程度，常见大理岩、沉积岩、花岗岩等都是岩石等级划分依据。通常，岩性及其组合关系可分为六类，即极软岩体、极软土体、次软岩体、软硬相间岩体、次硬岩体和极硬岩体。各岩性单元由腐殖土、泥岩、页岩、砂岩、花岗岩、石英岩等作为其代表岩石。我国山区面积大，包括各种岩性单元，据不完全统计，发生山洪灾害次数最多的地区分布于软硬相间岩体区域，其次是次硬岩体区域，而在极软岩体区域发生山洪灾害的次数最少。公路沿线地质岩性对公路洪灾的形成有很大的影响。蒋佩华(2007)在对重庆市城口县山洪灾害成因分析及对策研究中提到，岩性与山洪灾害的形成和发育有密切联系，其中软硬相间岩体多发生山洪诱发的滑坡、泥石流，次硬岩体多发生溪河洪水灾害。山区公路带状路线长，它经历边坡岩层风化程度不同，岩性自身属性不同，其岩层稳定程度也就不尽相同。因此，公路沿线一定区域范围内地质岩性条件会对洪灾的发生产生一定的影响，并有空间差异性。曾蓉(2011)以重庆市万州区公路洪灾作为研究对象，将公路沿线地质岩性作为孕灾环境重要因子之一，与其他致灾因子共同构建了评价指标体系，并建立了多目标模糊-物元综合评价模型。一般情况下，较软岩层稳定性差，比硬岩层更容易受到侵蚀破坏，在受到强降雨冲刷后也更容易提供松散堆积物。若岩性坚硬，则渗入性差，地表径流易聚集；若岩性松软且破碎，则渗入性强，地表径流减少。岩层若是软硬相间岩体，则软弱部分易受到流水渗透并侵蚀，坚硬岩石之间因失去黏着力而稳定性变差。总体来说，不同岩性的岩土体均可能成为形成洪水的前提条件，应视具体情况而定。

2.1.3　气象降雨因素

我国属于季风环流气候地带，降雨集中且频发，尤其南方山丘地区，经常阴雨不断。在某种程度上，我国山洪灾害分布特征与降雨分布特征可达成一致。毛以伟等(2005)在对湖北省山地灾害影响的分析中提到，降雨趋势性增加是灾害增多的主要诱因，此外，暴雨以上强降雨是山洪、滑坡、泥石流等灾害的主要诱因，连阴雨是崩塌的主要诱因。降雨是诱发山洪灾害的重要因子，也是公路洪灾暴发的动力条件。在山区，降雨充足且空气湿度大，丰沛的降水量使地表岩层含水量很容易达到饱和，地表径流很难入渗，因此易于聚集。当降水量增大，历时增长，范围增大时，激发力及冲刷力往往增强，在公路沿线边坡不稳定下垫面条件下，就容易发生溪河洪水并伴随滑坡、泥石流，从而引发公路洪灾。因此，高强度的降雨是引起公路洪灾暴发的重要因子，也是影响公路交通安全的重要因素。黄朝迎等(2000)以公路洪灾为研究对象，建立了公路路基水毁长度与农田受涝、成灾面积统计模型。此外，降水量、降雨强度以及降雨次数与山区公路洪灾的发生都有密切联系，降雨分布特点在一定程度上可以说明公路洪灾分布特点，表明年均降水量与公路洪灾的发生存在一定的直接关系。资料显示，近年来南方洪灾连续不断，有专家解读这是降雨集中导致的。入汛期间，降雨不断，洪灾频发，公路瘫痪，损失惨重。

2.1.4　植被覆盖因素

植被覆盖度为森林面积与土地总面积之比，可用百分数表示。森林植被自身具备蓄水保土防洪功能，如枝叶对降水的挡掩、残枝落叶对径流的截流、植被根系对地面表层降雨的吸收等，都可以减缓降雨对地面土壤冲刷力以及减少土壤被径流携走。植被绿化防洪是一种行之有效的自然生态措施，当森林植被被破坏或被开发转换成耕地、农田、居民点时，截流抗洪固土的作用会减少。在降水量大且植被稀疏或遭到破坏的地区，地表汇流迅速，容易形成洪峰，继而暴发洪水酿成灾害。在植被覆盖度大的地区，植被可以延缓地表汇流，阻碍洪峰形成，降低山洪暴发概率。因此，植被覆盖度是衡量某个地区绿化的标准，也可作为抗洪固土的依据，植被覆盖度越大，洪水越不易暴发。森林植被最大的防洪作用就是可实现水土保持，防止水土流失，调节水量，使洪水暴发概率降到最低。

王东生(2002)提到加强水土保持是减少洪涝灾害的关键途径及根本措施。同时，控制水土流失还可防止泥沙下泄，减少湖泊、河道及水利工程等干支流水库泥沙淤积。由此可知，保证有效森林植被覆盖度可以使水土流失现象得以控制。山区公路沿线植被覆盖度大小与公路洪灾暴发有很大关系。在汛期，降雨强度大且植被覆盖度低的地区，公路往往容易受到侵蚀，保证一定的植被覆盖度是山区公路安全运行的关键。谢威等(2002)通过对公路水毁因子和森林覆盖度分析与研究得出，森林平均植被覆盖度达到一定程度就会对公路水毁因子产生保护作用。因此，有关部门应加强山区公路沿线植树造林力度，提高植被覆盖度，保证生态环境稳定，防止水土流失，以减少公路沿线洪灾的发生。

2.1.5　历史灾害因素

对于山区公路，公路沿线地质灾害发育情况可在某方面说明公路洪灾在将来发生的可能性，以作为从历史层面评定公路洪灾发生概率的数据资料，这对公路洪灾孕灾环境分区研究非常重要。

2.1.6　人类活动因素

人类与大自然相处过程中，在利用大自然的同时也影响了大自然原有的生态稳定性,如修建水坝、水利工程,修建公路、居民区,开通隧道,挖地采矿等,这些因素均会对生态环境造成一定的破坏,尤其是不合理的人类活动,如森林过度开发、毁林开荒修建工程、乱丢工业废弃物堵塞河道、过度开挖使得山体不稳等,这些人类行为不仅会对生态环境造成破坏,而且会使区域生态破碎化,失去稳定性、抗灾性,尤其是地形地貌复杂的山丘区,天然植物被破坏,原稳定性失衡,山洪等地质灾害极易暴发。由此可见,公路沿线不合理的人类活动是造成公路洪灾加剧的重要因素之一,随着全球社会经济的发展,人类对大自然不合理的开发与利用日渐加剧,这给山区公路稳定运行造成了不可避免的威胁,如对公路沿线山区植被地区过度开发、建设或扩建公路时开挖边坡、工程建设陡坡开挖对公路沿线山体造成破坏等。这些不合理的人类行为会逐渐影响公路沿线地区土地利用与土地覆被变化、破坏公路边坡原有稳定性、影响山间溪流泄洪原有走向等,使森林原有蓄水能力减弱,加大了山区地表汇流量,从而易于形成洪水,酿成公路洪灾。因此,不合理的人类活动会造成公路沿线山体不稳,使原有防洪能力下降,为洪灾暴发提供了有利条件,是公路洪灾孕灾环境研究中必须考虑的一项因素。

2.2　山区公路洪灾孕灾环境指标体系

2.2.1　评价指标选取

本节所述山区公路洪灾孕灾环境分区是一种以多因素综合分析的学术研究。山区公路洪灾具有点多面广、时空分布不均匀的特性,评价指标必须涉及各个方面,才能得到比较科学和准确的公路洪灾孕灾环境分区结果。公路洪灾形成机理复杂,与多种因素相关。因此,通过阅读大量文献,从地形地貌、地质构造、气象条件、岩体结构、植被条件、人类活动、历史灾害记录等方面考虑,并结合研究区自身条件和公路现状来选取评价指标。

通过查阅大量文献资料,咨询专家意见,调查研究区自身情况,对公路洪灾孕灾环境影响因子进行综合分析,本节选择公路沿线地质灾害历史发育条件(x_1)、地貌条件(x_2)、地质岩性(x_3)、年均降水量(x_4)、植被覆盖度(x_5)、地质构造条件(x_6)、人类活动(x_7)7个指标作为山区公路洪灾孕灾环境指标。

(1) 公路沿线地质灾害历史发育条件:公路沿线一定区域内地质灾害数量是衡量公路洪灾孕灾能力的重要指标,本书将指标量化为研究区公路每千米沿线分布的地质灾害历史发生处数(处/km),主要考虑崩塌、滑坡、泥石流等对研究区公路危害较大的灾害类型。公路沿线发生的地质灾害次数越多,越容易发生公路洪灾。

(2) 地貌条件：地形地貌是公路洪灾形成与发展的主要下垫面因子，在相同的降雨条件下，地势起伏越大，地表径流汇流时间越长，对地面及承灾体造成的冲刷越大。本书将指标定性为地貌类型，分为平原、河谷、丘陵、山坡四种。在发生暴雨时，这四种类型所在的区域发生洪灾的概率依次增加，危险性也依次增高。

(3) 地质岩性：地质岩性用于表征孕灾环境的地质环境条件。岩性不同，其风化速度存在较大的差异，软弱岩层比坚硬岩层更容易遭受破坏，同时也更容易提供松散固体物质，岩性组合不同会影响风化作用的强度和速度，软硬相间的岩性组合比岩性均一的岩石更容易受到风化，其侵蚀也更强烈，更容易发生公路洪水灾害。本书将指标定性为地质岩体类型，分为第四纪松散堆积物、泥页岩、灰岩、砂岩四类。地质岩性不同对洪灾影响系数也就不同，其中第四纪松散堆积物结构松散，透水性强，稳定性差，因此作为地质岩性条件指标中危险系数最大的因子，多分布在河流、小流域两岸附近及山脚处。

(4) 年均降水量：年均降水量可以用于表征区域的降水情况及气候条件，不同区域在一年中不同时段的降雨分布也不尽相同。本书将指标量化为近几年研究区总降水量与年数的比值，单位为 mm/年。根据中国气象网提供的 1981～2010 年中国地面累积月值数据集，巴南区降水多集中于 4～10 月，4～10 月月均降水量占年均降水量的 84.39%，因此采用 4～10 月月均降水量来表征巴南区的降水水平，单位为 mm，降水量越大，公路洪灾的危险性越高。图 2.1 为巴南区 1981～2010 年累计月均降水量。

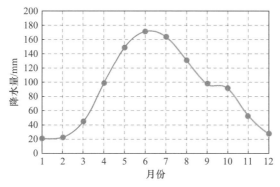

图 2.1　巴南区 1981～2010 年累计月均降水量

(5) 植被覆盖度：植被覆盖度用于表征下垫面植被覆盖状况，本书将指标量化为植被覆盖密度(%)，以研究区森林覆盖度作为基础数据。植被具有固土防洪、固沙防风、涵养水源等生态功能，因此植被覆盖度的大小与公路洪灾的形成有直接关系。植被覆盖度越高，区域内植被对地表径流的拦截能力越强，即减少汇流能力越强，公路洪灾发生的概率越低。

(6) 地质构造条件：本书将指标定性为地质构造类型，分为向斜构造、背斜构造、单斜构造、水平构造四种类型。区域地质构造发育越复杂的地段意味着构造应力越强，岩石变形越大，其抗灾性就越弱，当遇到致灾因子时，容易发生洪灾和其他地质灾害。

(7) 人类活动：人类活动强度指数是指一定地域内人类对陆地表层自然覆被利用、改造和开发的程度，本书将指标量化为研究区人口密度。人类活动强度指数越高，表明该区域人类活动对自然环境的影响越大，公路洪灾发生的概率越大。

2.2.2　指标权重确定

山区公路洪灾孕灾环境是一个多层次、多因素的复杂自然系统，且各因素之间相互联系、相互制约，对它进行精细分区研究时应该本着多层次、多方位、多角度划分的原则，指标权重分配以及权重值的准确性对分区评价研究有直接影响。目前，查阅参考文献可知，确定权重的方法有很多，包括层次分析法、主成分分析法、模糊聚类分析法、二项系数法等。其中，层次分析法简单易懂且实用可靠，它能够处理人类在决策过程中的不确定性和不准确性，使决策者思维条理化、数量化。本节采用层次分析法来确定公路洪灾孕灾环境指标的权重，采用专家打分法综合构造判断矩阵，经过以下四个步骤确定指标的权重。

以 A 表示目标，x_i、x_j ($i, j = 1, 2, \cdots, n$) 表示因素，x_{ij} 表示 x_i 对 x_j 的相对重要性数值，并由 x_{ij} 组成 $A\text{-}X$ 判断矩阵 $\boldsymbol{B}$。

(1) 计算判断矩阵每一行指标的乘积 M_i：

$$M_i = \prod_{j=1}^{n} x_{ij}, \quad i = 1, 2, \cdots, n \tag{2.1}$$

对于 M_1 有

$$M_1 = \prod_{j=1}^{6} x_{1j} = x_{11} \cdot x_{12} \cdot x_{13} \cdot x_{14} \cdot x_{15} \cdot x_{16} = 175.0000$$

同理，可计算其他 5 个指标的判断矩阵乘积。

(2) 计算 M_i 的 n 次方根 $\bar{W}_i$，即

$$\bar{W}_i = \sqrt[n]{M_i} \tag{2.2}$$

对于 $\bar{W}_1$ 有

$$\bar{W}_1 = \sqrt[6]{M_1} = \sqrt[6]{175.0000} = 2.3650$$

同理，可计算出其他 5 个指标的 6 次方根。

(3) 进行归一化处理，确定权重 W_i ：

$$W_i = \frac{\overline{W}_i}{\sum\limits_{i=1}^{n} \overline{W}_i} \tag{2.3}$$

对于 W_1 有

$$W_1 = \frac{\overline{W}_1}{\sum\limits_{i=1}^{n} \overline{W}_i} = 0.3391$$

同理，可得到其他 5 个指标归一化处理后的数据，进而得到

$$\boldsymbol{W} = [W_1, W_2, \cdots, W_6]^{\mathrm{T}} \tag{2.4}$$

式中，$\boldsymbol{W}$ ——所求的特征向量，即各指标对应的权重。

由此各指标的权重向量为

$$\boldsymbol{W} = [W_1, W_2, \cdots, W_6]^{\mathrm{T}} = [0.3391 \quad 0.2159 \quad 0.1796 \quad 0.1097 \quad 0.0839 \quad 0.0791]$$

(4) 计算最大特征值 $\lambda_{\max}$ ：

$$\lambda_{\max} = \frac{1}{n} \sum_{i=1}^{n} \frac{(\boldsymbol{BW})_i}{W_i} \tag{2.5}$$

其中，

$$\boldsymbol{BW} = \begin{bmatrix} x_{11} & x_{21} & \cdots & x_{n1} \\ x_{12} & x_{22} & \cdots & x_{n2} \\ \vdots & \vdots & & \vdots \\ x_{1n} & x_{2n} & \cdots & x_{nn} \end{bmatrix} \begin{bmatrix} W_1 \\ W_2 \\ \vdots \\ W_n \end{bmatrix} \tag{2.6}$$

经计算该例的 $\boldsymbol{BW}$ 向量如下：

$$\boldsymbol{BW} = \begin{bmatrix} 1 & 5/3 & 7/5 & 7/3 & 3/9 & 5/3 \\ 3/5 & 1 & 3/5 & 3/5 & 3/7 & 5/3 \\ 5/7 & 5/3 & 1 & 5/7 & 5/9 & 5/3 \\ 3/7 & 5/3 & 7/5 & 1 & 3/9 & 7/5 \\ 9/3 & 7/3 & 9/5 & 9/3 & 1 & 9/3 \\ 3/5 & 3/5 & 3/5 & 5/7 & 3/9 & 1 \end{bmatrix} \begin{bmatrix} 0.3391 \\ 0.2159 \\ 0.1796 \\ 0.1097 \\ 0.0839 \\ 0.0719 \end{bmatrix} = \begin{bmatrix} 2.1409 \\ 1.4074 \\ 1.1044 \\ 0.7045 \\ 0.5651 \\ 0.4457 \end{bmatrix} \tag{2.7}$$

由此得最大特征值为

$$\lambda_{\max} = \frac{1}{n} \sum_{i=1}^{n} \frac{(\boldsymbol{BW})_i}{W_i} = 6.3910 \tag{2.8}$$

2.3 山区公路洪灾孕灾范围及地形信息提取

2.3.1 公路沿线小流域划分

1. 流域

流域根据分水线所包围的河流集水区不同，分为地面集水区和地下集水区两类。若地面集水区和地下集水区重合，则称为闭合流域；若地面集水区和地下集水区不重合，则称为非闭合流域。平时所提及的流域，一般都是指地面集水区。

分水线是指相邻流域的界线，一般为分水岭最高点的连线。地面分水线是由于地形向两侧倾斜，降水分别汇集到两条河流中的脊岭线。地下水也有分水线，它取决于水文地质条件，上下两线的位置不一定重合。为准确测量计算流域的面积，需要精确划出流域分水线。

2. 流域特征

1) 流域几何特征

流域几何特征是流域的形状、面积、长度、平均高程、平均宽度、平均坡度、不对称系数等的总称。

(1) 流域面积：指的是流域地面分水线和出口断面所包围的面积，在水文上又称集水面积，单位为 km^2，是河流的重要特征之一，其大小直接影响河流和水量大小以及径流的形成过程。

(2) 流域长度：指的是流域从河源到河口的几何中心轴长，通常用干流的长度近似表示。

(3) 流域平均高程：指的是流域内各相邻等高线间的面积与其相应平均高程的乘积之和除以流域面积得到的数值。

(4) 流域平均宽度：指的是流域面积与流域长度的比值。

(5) 流域平均坡度：指的是流域内最高/最低等高线长度的 1/2 及各等高线长度乘以等高线间的高差乘积之和，与流域面积的比值。

(6) 流域不对称系数：指的是流域内干流左右两岸流域面积之差与两岸流域平均面积的比值分布的不均匀度。

2) 流域自然地理特征

流域自然地理特征是流域地理位置、气候条件、岩土性质、地质构造、地形地貌和植被等的总称。

(1) 地理位置：经纬度。

(2) 气候条件：降水、蒸发、湿度、气温、气压、风等要素。

(3) 下垫面条件：地形地貌、地质构造、土壤、岩性、植被等。

3. 小流域数字地形信息精细提取

基于 ArcGIS 水文分析模块，采用重庆市巴南区圣灯山镇 30m 分辨率数字高程模型(digital elevation model，DEM)数据，进行公路沿线小流域划分，具体过程如下。

1) 洼地填充

在数字地形分析中，地表洼地的存在往往会影响流域划分结果的精度，如流域网络和地形结构线的间断和不正确连通，为消除 DEM 进行水文分析这一障碍，在进行数字地形分析之前，须对洼地进行填充，即洼地填平处理。洼地填平处理主要是通过 DEM 栅格数据确定洼地区域及洼地深度，然后根据洼地深度设定填充阈值，将洼地内部的高程增加至洼地出水口的高程。

打开 ArcToolbox 中的水文分析模块，使用 Spatial Analyst Tools→Hydrology→Fill 对原始 DEM 数据进行洼地填充，得到无洼地的 DEM(filldem)，如图 2.2 所示。

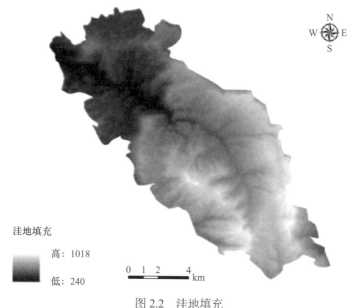

图 2.2　洼地填充

2) 水流方向计算

在流域空间内，地表径流总是从高地势流向低地势，最后经流域出口排出流域，为确定流域走向，划定流域界线，须先确定水流离开每一个栅格单元时的指向。在 ArcGIS 中，通过对中心栅格的 8 个邻域栅格编码(D8 算法)来确定水流方向。D8 算法是基于 DEM 定义水流方向的一种典型单流向算法，操作简单且使用广泛。该算法根据 DEM 栅格单元格和周围相邻 8 个单元格之间的最大坡度方向来确定水流方向，即在 3×3 的 DEM 栅格上，计算中心栅格与其各相邻栅格间的距离权落差，取落差最大的栅格为中心栅格的流出栅格，所呈现的方向即为中心格网的流向。距离权落差是指格网中心点落差除以格网中心点之间的距离。

使用 Spatial Analyst Tools→Hydrology→Flow Direction，采用 filldem 数据，求取重庆市巴南区圣灯山镇水流方向 flowdir 数据，如图 2.3 所示。

3) 汇流累积量计算

在地表径流模拟过程中，汇流累积量是基于水流方向数据计算而来的。对于每一个栅格，其汇流累积量大小代表其上游有多少个栅格的水流方向最终汇流经过该栅格，即栅格的汇流累积量与该栅格的汇流能力(汇聚水流能力)是成正比的。基于水流方向数据最终计算出能够汇入某栅格的栅格数目，并将其标注为该栅格的汇流特征值。汇流累积量数值越大，该区域越容易形成地表径流，区域栅格所处位置即为区域低谷；反之，汇流累积量数值越小，该区域越不容易形成地表径流，区域栅格所处位置即为区域高地。

使用 Spatial Analyst Tools→Hydrology→Flow Accumulation，采用 flowdir 数据，求取重庆市巴南区圣灯山镇汇流累积量 flowacc 数据，如图 2.4 所示。

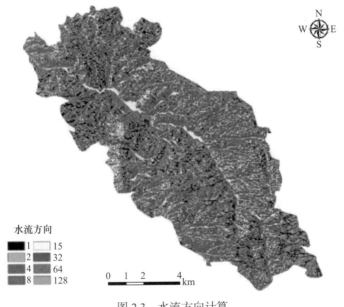

水流方向
■ 1　□ 15
■ 2　■ 32
■ 4　■ 64
■ 8　■ 128

0 1 2 4 km

图 2.3　水流方向计算

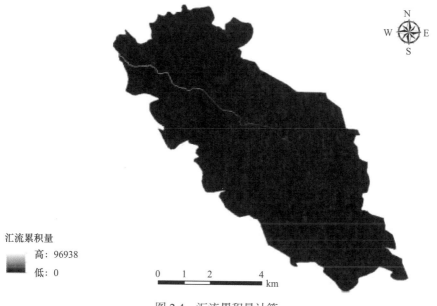

汇流累积量
高：96938
低：0

0　1　2　　4 km

图 2.4　汇流累积量计算

4) 河网提取

基于网格的流向和汇流累积量，进行河网提取，在 ArcGIS 中，河网提取采用地表径流漫流模型。假设每一个栅格携带一份水流，则栅格的汇流累积量代表该栅格的水流量。因此，当汇流量达到一定值时，就会产生地表水流，所有汇流量大于临界值的栅格就是潜在的水流路径，由这些水流路径构成的网络就是河网。其中的临界值即为集水面积阈值，阈值的大小直接影响河网提取的结果。该阈值表示河网中点的最小集水面积。当阈值减小时，河网密度就相应增加。

使用 Spatial Analyst Tools→Map Algebra→Raster Calculator，采用 flowacc 数据，求取重庆市巴南区圣灯山镇河网数据，该处依次取阈值 500、1000、1500、2000、2500。经比较，当阈值为 2000 时，提取的河网结果最接近于实际水系分布，如图 2.5 所示。

5) 河网链接生成

Stream Link 记录河网中节点之间的连接信息。Stream Link 的每条弧段连接两个作为出水点和汇合点的节点，或连接作为出水点的节点和河网起始点。

使用 Spatial Analyst Tools→Hydrology→Stream Link，采用 flowdir、河网数据，求取重庆市巴南区圣灯山镇河网节点 Stream Link，如图 2.6 所示。

6) 流域分割

基于水流方向和河流网络的生成，通过对流域节点的分析得到河网结构信息及分水岭位置，小流域划分即可实现。

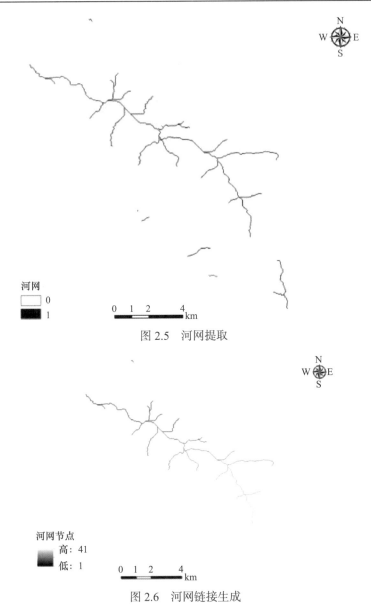

图 2.5　河网提取

图 2.6　河网链接生成

使用 Spatial Analyst Tools→Hydrology→Watershed，采用 flowdir、Stream Link 数据，求取重庆市巴南区圣灯山镇分水岭 Watershed 数据，并将前面所得到的栅格河网、流域转为矢量文件，进行叠加，得到小流域划分结果，如图 2.7 所示。

公路沿线小流域划分是在公路所属行政区划内，进行完整小流域划分后，提取公路所经过的各子流域，进而得到划分好的公路沿线小流域。

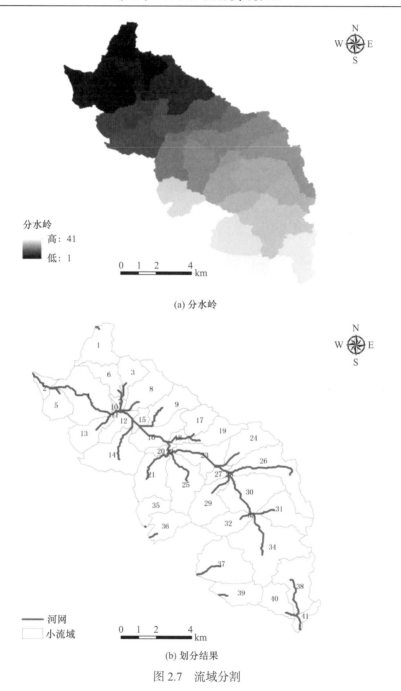

(a) 分水岭

(b) 划分结果

图 2.7 流域分割

4. 数字地形信息

以 DEM 数据为基础，将流域数字地形信息分为流域总体参数(流域面积、流域周长、流域长度、流域平均坡度和流域高差)、派生参数(河道的分岔比、河长比、RHO 系数、河流频数、河网密度和流域地貌结构)和形状参数(伸长率、圆形度和形状系数)等三大类。

1) 流域总体参数

(1) 流域面积(A)：又称汇水面积或集水面积，指的是流域分水线所包围的面积。流域面积大都先从地形图上定出分水线，用求积仪或其他方法量算求得，单位为 km²。

(2) 流域周长(P)：环绕各子流域区域边缘的长度积分称为流域周长，即流域一周的长度，常用字母 P 表示。

(3) 流域长度(L)：指的是平行于主要河道线的最大流域长度。

(4) 流域平均坡度：指的是流域内最高/最低等高线长度的 1/2 及各等高线长度乘以等高线间的高差乘积之和，与流域面积的比值。

(5) 流域高差(R)：流域内最大高程与最小高程之差。

2) 派生参数

(1) 分岔比(R_b)。

分岔比是指某一级河道的数目与比其高一级河道的数目之比，可表示为

$$R_b = \frac{N_u}{N_{u+1}} \tag{2.9}$$

式中，R_b——分岔比；

N_u——第 u 级河道的溪流数目；

N_{u+1}——第 u+1 级河道的溪流数目。

除了强烈的地质条件起主要控制作用的区域，在任何一个流域内，水系的平均分岔比接近于一个常数，一般为 3～5。分岔比是控制径流的重要因素，通过降低分岔比可增加径流量。

(2) 河长比(R_l)。

河长比定义为某一级河道的长度与比其低一级河道的长度之比，可表示为

$$R_l = \frac{L_u}{L_{u-1}} \tag{2.10}$$

式中，R_l——河长比；

L_u——第 u 级河道的长度；

L_{u-1}——第 u-1 级河道的长度。

(3) RHO 系数。

RHO 系数为河长比与分岔比的比值：

$$\text{RHO} = \frac{R_1}{R_b} \tag{2.11}$$

在汛期洪水季节，流域的 RHO 系数越大，流域的蓄水能力越强，衰减高水位洪峰侵蚀作用的能力就越强。

(4) 河流频数(F_s)。

河流频数是指流域各级河道的总数与流域面积的比值，即单位面积上的河道条数。河流频数与流域的渗透能力和地势有关，可表示为

$$F_s = \frac{\sum N_u}{A} \tag{2.12}$$

式中，F_s——河流频数；

　　$\sum N_u$——流域各级河道的总数；

　　A——流域面积。

(5) 河网密度(D_d)。

河网密度表征流域内河道之间的空间接近程度，也可量化地形的切割分解程度、潜在径流量和流域水流的汇流时间。河网密度为流域各级河道的总长度与流域面积的比值，即单位面积上的河道长度：

$$D_d = \frac{\sum L_u}{A} \tag{2.13}$$

式中，D_d——河网密度；

　　$\sum L_u$——流域各级河道的总长度；

　　A——流域面积。

已有研究表明，湿润区域的河网密度在 $0.55 \sim 2.09 \text{km/km}^2$，平均密度为 1.03km/km^2。河网密度受气候、岩性、地势高差、渗透能力、植被覆盖度、地表粗糙度和径流强度指数等影响。渗透性强、植被覆盖度高和地势平坦地区对应相对低的河网密度；渗透性弱、植被覆盖度低和山区地形对应相对高的河网密度。低的河网密度对应粗糙的河流地貌结构，高的河网密度对应精细的河网地貌结构。

(6) 流域地貌结构(T)。

流域地貌结构为流域内各级河道的总数与流域周长的比值：

$$T = \frac{\sum N_u}{P} \tag{2.14}$$

式中，T——流域地貌结构；

　　$\sum N_u$——各级河道的总数；

　　P——流域周长。

流域地貌结构是流域内的河网密度与河道频数的综合表现，也是植被、气候

(降雨特征)、岩性、土质、地表、透水能力以及流域地貌发育阶段等因素的函数。在软弱岩层与没有植被覆盖的地区，一般形成细密结构的地形；在火成岩或抗蚀能力较强的岩石区，形成粗糙结构的地形；在干燥气候下，植被稀疏的地形结构要比同样岩性但属于温湿气候区的地形结构更为细密。在侵蚀轮回的最初阶段，地形结构一般是比较粗糙的；在壮年早期，地形结构最为致密。

根据流域地貌结构大小，可将其分为五类，即极粗糙结构($T<2$)、粗糙结构($2\leqslant T<4$)、中等结构($4\leqslant T<6$)、细密结构($6\leqslant T<8$)、极细密结构($T\geqslant8$)。

3) 形状参数

(1) 伸长率(R_e)。

伸长率为与流域有相同面积的圆直径和流域长度的比值：

$$R_e = \frac{2\sqrt{A/\pi}}{L} \qquad (2.15)$$

式中，R_e——伸长率；

A——流域面积；

L——流域长度。

一般情况下，流域外形与梨形接近，伸长率一般在 0(极度拉长)~1(圆形)取值。特殊情况下，流域长度小于流域宽度，流域伸长率大于 1，伸长率大于 1 的量值越大，流域横向伸展越厉害、越扁。伸长率越接近于 1，流域形状越接近于圆形，圆形流域排泄径流的效率比伸长的流域更高。一般情况下，伸长率接近于 1 的流域地势较为平坦，而伸长率在 0.6~0.8 的流域地势高差较大、地面坡度较大。

(2) 圆形度(R_c)。

圆形度定义为流域面积与和流域具有相同周长的圆面积的比值：

$$R_c = \frac{4\pi A}{P^2} \qquad (2.16)$$

式中，R_c——圆形度；

P——流域周长；

A——流域面积。

圆形度指数的值为 0(线)~1(圆)，值越大，流域形状越圆。圆形度受流域长度、河流频数、地质结构、植被覆盖度、气候、地势高差和坡度等的影响。圆形度对于表征流域地貌演化阶段具有重要意义，圆形度值的低、中、高分别表明流域各支流的生命周期处于青年阶段、成熟阶段和老年阶段。

(3) 形状系数(F_f)。

小流域的几何形状是根据其流域形状系数来判断的，流域形状系数定义为流域面积与流域长度平方的比值，形状系数越小，流域形状越狭长。形状系数接近

于 1 时，流域形状近似为方形，计算公式为

$$F_{\mathrm{f}} = \frac{A}{L^2} \tag{2.17}$$

式中，F_{f}——流域形状系数；

　　A——流域面积；

　　L——流域长度。

　　一般情况下，流域外形接近于梨形，流域长度大于流域宽度，形状系数一般小于 0.7854(圆形流域)，形状系数越小，流域越狭长。高形状系数的流域具有短历时、高洪峰流量的特征；低形状系数的伸长型流域具有长历时、低洪峰流量的特征。

5. 基于 DEM 的数字地形信息提取

基于 GIS 技术，以流域为研究单元，精细提取公路沿线各流域数字地形信息。

1) 流域总体参数

根据小流域划分流程，对重庆市巴南区圣灯山镇进行小流域划分，共得到 41 个子流域。圣灯山镇流域面积为 102.59km²，流域周长为 66.68km。划分的 41 个子流域中，34 号子流域面积最大，为 8.31km²，33 号子流域面积最小，为 0.01km²；26 号子流域周长最大，为 16.03km，33 号子流域周长最小，为 0.44km。圣灯山镇总流域的长度为 19.48km，26 号子流域的长度最长，为 4.67km，33 号子流域的长度最短，为 0.12km。圣灯山镇总流域的平均坡度为 14.97°，其中 22 号子流域平均坡度最大，为 34.00°，28 号子流域平均坡度最小，为 10.88°。圣灯山镇总流域的高差为 0.77km，其中 25 号子流域高差最大，为 0.58km，33 号子流域高差最小，为 0.06km。圣灯山镇总流域和各子流域的面积、周长、长度、平均坡度和高差测量数据如表 2.1 所示。

表 2.1　流域总体参数

流域编号	面积/km²	周长/km	长度/km	平均坡度/(°)	高差/km
1	2.99	9.04	1.99	11.77	0.25
2	0.85	4.85	1.23	15.48	0.28
3	1.96	7.20	1.68	14.51	0.27
4	5.77	11.49	3.37	15.69	0.37
5	1.89	5.51	1.64	16.41	0.27
6	1.87	8.03	2.72	11.71	0.27
7	0.36	2.86	0.97	13.34	0.13
8	3.67	10.15	2.23	15.94	0.44

流域编号	面积/km²	周长/km	长度/km	平均坡度/(°)	高差/km
9	3.16	9.84	1.73	16.17	0.47
10	0.14	2.90	0.28	11.37	0.11
11	0.07	1.23	0.32	15.48	0.08
12	1.60	7.10	0.98	12.76	0.19
13	2.39	7.54	1.63	12.78	0.23
14	4.74	11.54	2.52	15.07	0.44
15	0.75	4.24	0.86	14.21	0.22
16	2.92	9.56	1.70	19.15	0.46
17	2.09	6.64	1.60	13.98	0.28
18	0.58	3.30	1.03	19.67	0.30
19	2.31	8.12	1.45	13.36	0.38
20	0.60	4.47	0.59	20.44	0.37
21	3.78	9.92	2.98	15.02	0.47
22	0.04	0.99	0.20	34.00	0.15
23	3.11	9.92	2.52	17.53	0.38
24	3.22	10.33	1.92	11.52	0.43
25	4.31	10.16	2.13	16.61	0.58
26	5.61	16.03	4.67	12.20	0.48
27	0.77	4.37	0.77	15.09	0.29
28	0.04	1.30	0.18	10.88	0.11
29	3.33	9.10	1.93	17.02	0.50
30	5.03	10.11	2.37	13.86	0.41
31	3.20	9.74	2.51	13.81	0.40
32	2.12	6.64	1.20	18.76	0.39
33	0.01	0.44	0.12	18.47	0.06
34	8.31	15.93	4.14	15.79	0.42
35	1.68	6.41	1.34	12.98	0.22
36	2.32	7.64	1.50	16.43	0.46
37	5.16	9.96	2.67	16.17	0.49
38	4.20	11.43	3.25	11.78	0.29
39	2.59	7.28	1.34	19.22	0.43

流域编号	面积/km²	周长/km	长度/km	平均坡度/(°)	高差/km
40	2.22	7.08	2.29	12.65	0.26
41	0.83	5.19	0.93	14.22	0.28
总流域	102.59	66.68	19.48	14.97	0.77

2) 派生参数

流域派生参数包括河道的分岔比、河长比、RHO 系数、河流频数、河网密度、流域地貌结构。

基于 ArcGIS，采用 Strahler 分级方法将提取的河网共分为 3 个等级，计算圣灯山镇总流域及各子流域分岔比。圣灯山镇总流域分岔比为 4.9，圣灯山镇流域较小，在进行流域分割时，形成的每个子流域均只存在一个等级的河道，因此其子流域无分岔比；同理，总流域河长比为 0.96，子流域无河长比；总流域 RHO 系数为 0.20，子流域无 RIIO 系数。在进行小流域划分时，阈值为 2000，提取的河网结果最接近于实际水系分布，但各子流域所得河道数较少，进行河网等级划分时所得等级较少。现有实际水系并不能完全反映流域内在暴雨情景下所形成的部分径流，因此在进行流域地形信息提取时，对小流域的划分可适当降低其阈值。

根据式(2.12)～式(2.14)计算圣灯山镇总流域及各子流域的河流频数、河网密度、流域地貌结构。圣灯山镇总流域河流频数、河网密度、流域地貌结构依次为 0.29、0.49km/km²、0.45，其各子流域计算结果如表 2.2 所示。

表 2.2　流域派生参数

流域编号	河流频数(F_s)	河网密度(D_d)/(km/km²)	流域地貌结构(T)
1	0.33	0.08	0.11
2	1.18	1.56	0.21
3	0.51	0.45	0.14
4	0.17	0.70	0.09
5	0.53	0.01	0.18
6	0.53	0.23	0.12
7	2.77	2.19	0.35
8	0.27	0.31	0.10
9	0.32	0.63	0.10
10	7.04	0.19	0.34

流域编号	河流频数(F_a)	河网密度(D_d)/(km/km²)	流域地貌结构(T)
11	14.05	4.66	0.81
12	0.63	0.02	0.14
13	0.42	0.50	0.13
14	0.21	0.54	0.09
15	1.33	0.65	0.24
16	0.34	0.61	0.10
17	0.48	0.01	0.15
18	1.74	2.22	0.30
19	0.43	0.01	0.12
20	1.67	0.86	0.22
21	0.26	0.01	0.10
22	27.10	5.10	1.01
23	0.32	0.01	0.10
24	0.31	0.47	0.10
25	0.23	0.01	0.10
26	0.18	0.67	0.06
27	1.29	1.08	0.23
28	27.55	4.83	0.77
29	0.30	0.02	0.11
30	0.20	0.01	0.10
31	0.31	0.01	0.10
32	0.47	0.31	0.15
33	132.07	8.21	2.29
34	0.12	0.00	0.06
35	0.60	0.03	0.16
36	0.43	0.20	0.13
37	0.19	0.28	0.10
38	0.24	0.55	0.09
39	0.39	0.18	0.14
40	0.45	0.29	0.14
41	1.21	0.99	0.19
总流域	0.29	0.49	0.45

3) 形状参数

根据式(2.15)~式(2.17)计算圣灯山镇总流域及各子流域的伸长率、圆形度、形状系数(表 2.3)。圣灯山镇总流域伸长率为 0.59,6 号和 26 号子流域伸长率最小,为 0.57,10 号子流域伸长率最大,为 1.52。圣灯山镇总流域圆形度为 0.29,10 号子流域圆形度最小,为 0.21,5 号子流域圆形度最大,为 0.78。圣灯山镇总流域形状系数为 0.27,各子流域形状系数取值在 0.25~1.82,其中 29%的子流域形状系数大于 1,表明其流域宽度大于流域长度。

表 2.3　流域形状参数

流域编号	伸长率(R_e)	圆形度(R_c)	形状系数(F_f)
1	0.98	0.46	0.75
2	0.85	0.45	0.57
3	0.94	0.48	0.70
4	0.80	0.55	0.51
5	0.95	0.78	0.70
6	0.57	0.37	0.25
7	0.70	0.55	0.39
8	0.97	0.45	0.74
9	1.16	0.41	1.06
10	1.52	0.21	1.82
11	0.94	0.59	0.69
12	1.46	0.40	1.67
13	1.07	0.53	0.90
14	0.97	0.45	0.74
15	1.14	0.53	1.02
16	1.13	0.40	1.01
17	1.02	0.60	0.81
18	0.83	0.67	0.54
19	1.18	0.44	1.09
20	1.48	0.38	1.72
21	0.74	0.48	0.43
22	1.07	0.47	0.91
23	0.79	0.40	0.49
24	1.05	0.38	0.87
25	1.10	0.52	0.95

续表

流域编号	伸长率(R_e)	圆形度(R_c)	形状系数(F_f)
26	0.57	0.27	0.26
27	1.29	0.51	1.31
28	1.18	0.27	1.09
29	1.06	0.51	0.89
30	1.07	0.62	0.90
31	0.80	0.42	0.51
32	1.37	0.61	1.48
33	0.79	0.50	0.50
34	0.78	0.41	0.48
35	1.09	0.51	0.94
36	1.14	0.50	1.03
37	0.96	0.65	0.72
38	0.71	0.40	0.40
39	1.35	0.61	1.44
40	0.73	0.56	0.42
41	1.10	0.39	0.95
总流域	0.59	0.29	0.27

公路沿线小流域数字地形信息精细提取是在小流域数字地形信息精细提取的基础上，叠加研究区内公路网数据，确定它所经过的流域，提取该流域的数字地形信息，主要包括公路沿线小流域的总体参数(流域面积、流域周长、流域长度、流域平均坡度和流域高差)、派生参数(河道的分岔比、河长比、RHO系数、河流频数、河网密度和流域地貌结构)和形状参数(伸长率、圆形度和形状系数)等。

2.3.2　山区县域微地貌体系提取及其空间特征分析

我国常见的地貌类型有高原、盆地、山地、丘陵、平原等五种基本形态。这五种类型划分对于研究我国甚至更大范围的区域，作为指标要素可以采纳，但若研究县域甚至是更小的镇域，则不可采纳。地貌条件是影响灾害发生的重要下垫面因素，因此引入微地貌概念。微地貌是将地貌条件进行微小的细分，使评估研究区域灾害风险更加具体化。微地貌可通过微地貌类型和地形坡位两种方式进行表达，二者均是基于地形坡位指数(topographic position index，TPI)进行类型划分的。TPI 指的是栅格高程与其区域一定范围内的平均高程的差值，差值大于 0 表示凸起，差值小于 0 表示凹陷。

确定微地貌的关键首先是确定 TPI 的最佳分析窗口。目前对于最佳分析窗口确定的研究方法主要有最大高差法、人工目测判断法、模糊数学法、均值变点法以及累积和分析算法等。陈学兄等(2016)利用均值变点法计算陕西省的最佳起伏度单元，得到其最佳分析窗口的面积为 1.254km²；钟静等(2018)利用均值变点法确定了我国西南地区地形起伏度的最佳分析尺度为 2.43km²；郎玲玲等(2007)以人工目测判断法为主，以最大高差法为辅，最终确定福建省低山丘陵区地形起伏度的最佳分析窗口的面积为 4.41km²。陈学兄等(2018)采用多种方法进行地形起伏度最佳统计单元算法的比较研究，最终表明均值变点法是计算最佳统计单元最为理想的一种方法。

鉴于此，本研究采用均值变点法对重庆市巫山县和巴南区的 TPI 进行最佳分析窗口的确定，进而对其微地貌体系进行提取，并对研究区域微地貌体系进行空间特征分析，以期为巫山县和巴南区的相关研究提供数据资料，也为微地貌的进一步研究提供参考。

1. 数据与方法

1) 数据来源与方法

DEM 数据来源于地理空间数据云(http://www.gscloud.cn)，采用的是 GDEMV2 30m 分辨率的数字高程数据，以及重庆市巫山县和巴南区的矢量边界图。将矢量边界图对覆盖研究区域的 DEM 数据进行裁剪，得到所需的研究区的数字高程数据。

微地貌体系最佳类型的确定主要是确定 TPI 最佳分析窗口。随着分析窗口的增大，其相对应的 TPI 的绝对值也增大，最终影响研究区域微地貌体系的划分。按照地貌发育的基本理论，最佳分析区域是指存在一个使 TPI 达到相对稳定的分析窗口。一般情况下，TPI 的增长速率由快变慢，当分析窗口达到某一阈值时，增长速率会趋于稳定，增长速率由快变慢的点称为拐点，其所对应的窗口为最佳阈值。确定拐点的诸多方法中均值变点法的效果最好，因此本节采用此方法进行重庆市巫山县和巴南区最佳微地貌体系分析窗口的研究。

2) 确定 TPI 最佳分析窗口

对重庆市巫山县和巴南区不同矩形窗口对应的 TPI 最大值进行计算。为了得到窗口面积与 TPI 最大值之间的关联性，以窗口面积为 x 轴，TPI 最大值为 y 轴，建立分析窗口面积与 TPI 最大值之间的拟合曲线。结果显示，巫山县不同分析窗口下与 TPI 最大值的最佳拟合曲线为 $y = 38.685x^{0.3114}$，决定系数 R^2 为 0.986，表明两者之间具有较强关联性；巴南区不同分析窗口下与 TPI 最大值的最佳拟合曲线为 $y = 16.822x^{0.3001}$，决定系数 R^2 为 0.9974，表明分析窗口面积与 TPI 最大值之间高度关联，且比巫山县的关联特征更显著，最佳拟合曲线如图 2.8 所示。

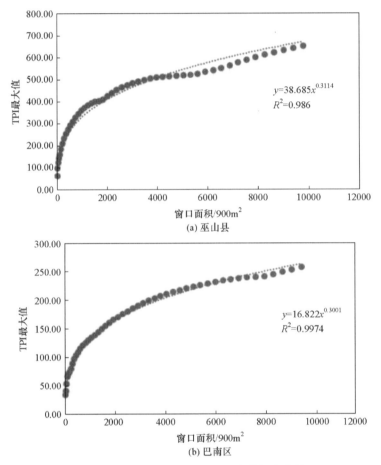

图 2.8　分析窗口面积与 TPI 最大值拟合曲线

均值变点法在确定最佳分析窗口面积方面的应用目前已经较为成熟，常直杨等(2014)利用均值变点法对西秦岭地区计算最佳统计窗口，窗口面积为 2.34km^2，并将高程和起伏度相结合对西秦岭地区进行地貌分类；张颖等(2016)利用均值变点法确定横断山地地形起伏度最佳统计单元面积为 14.98km^2，并对横断山县域山地类型进行了划分；刘致远等(2017)通过均值变点法确定滇中地区地形起伏度的最佳分析窗口面积为 2.074km², 将地形起伏度与高程相结合得到滇中地区地貌形态划分标准; 王雷等(2018)利用均值变点法确定皖南地区地形起伏度的最佳分析窗口面积为 0.48km², 并结合海拔对地貌类型进行了划分; 张竞等(2018)采用均值变点法针对京津冀地区不同地貌类型计算地形起伏度最佳分析窗口, 并分析了不同地形对起伏度最佳分析窗口的影响。

在使用均值变点法确定拐点之前, 首先需要对原始数据进行相关处理, 以构建样本序列, 具体计算过程如下。

(1) 求取每个分析窗口下的单位面积 TPI:

$$I_n = i_n / s_n \tag{2.18}$$

式中, I_n——分析窗口下的单位面积 TPI;

　　　i_n——分析窗口下的最大 TPI;

　　　s_n——分析窗口面积, m²。

(2) 根据拟合曲线指数幂对每个研究区的 I_n 求取相应的指数值, 得到 Z 序列, 巫山县的 I_n 为 0.3114, 巴南区的 I_n 为 0.3001。

(3) 计算 Z 序列总体样本的离差平方和:

$$S = \sum_{n=1}^{N} \left(Z_n - \overline{Z} \right)^2 \tag{2.19}$$

式中, $\overline{Z}$——Z 序列的算术平均值;

　　　N——总体样本数;

　　　S——总体离差平方和。

(4) 将 Z 序列的样本分为两段, 分别为 Z_1, Z_2, $\cdots$, Z_n 和 Z_{n+1}, Z_{n+2}, $\cdots$, Z_N, 依次计算各段的离差平方和, 再将各段的离差平方和求取绝对差:

$$S_z = \left| \sum_{n=1}^{i} \left(Z_n - \overline{Z_{1i}} \right)^2 - \sum_{n=i+1}^{N} \left(Z_n - \overline{Z_{2i}} \right)^2 \right| \tag{2.20}$$

式中, i——起始分段数;

　　　$\overline{Z_{1i}}$——第一段的算术平均值;

　　　$\overline{Z_{2i}}$——第二段的算术平均值;

　　　S_z——两段离差平方和的绝对差。

(5) 计算 S 与 S_z 的差值, 得到的统计曲线如图 2.9 所示。

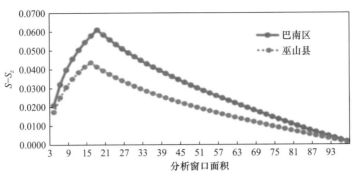

图 2.9　S 与 S_z 差值变化曲线

由图 2.9 可以得到，巫山县和巴南区的走势相同，差值先上升，上升速度逐渐缓慢，然后经过某一点之后出现下降的趋势。从上升变化为下降的这个拐点即为最佳分析窗口，即巫山县 TPI 的最佳分析窗口为 17×17，对应窗口面积为 0.26km^2；巴南区 TPI 的最佳分析窗口为 15×15，对应窗口面积为 0.20km^2。

2. 结果分析

1）地形坡位特征分析

根据巫山县和巴南区的坡度和 TPI，得到相应的地形坡位分布图(图 2.10)，将巫山县和巴南区地形坡位类型进行统计，统计结果如表 2.4 所示。

表 2.4　巫山县和巴南区地形坡位类型统计表

地形坡位类型	巫山县		巴南区	
	面积/km^2	比例	面积/km^2	比例
山谷谷地	1428.22	0.4829	885.03	0.4825
山坡上部	24.84	0.0084	27.06	0.0148
平地	0.00	0.0000	0.04	0.000024
山坡中部	49.41	0.0167	54.10	0.0295
山坡下部	24.53	0.0083	26.68	0.0145
山脊	1430.84	0.4837	841.31	0.4587
总计	2957.84	1	1834.22	1

注：小计数字的和可能不等于总计数字，是因为有些数据进行过舍入修约。

　　由图 2.10 和表 2.4 可以看出，巫山县的地形坡位只有 5 种类型，缺少平地类型，其中山谷谷地和山脊所占比例最高，分别为 0.4829 和 0.4837；在巴南区的 6 种坡位类型中，山谷谷地和山脊所占比例最高，分别为 0.4825 和 0.4587，平地所占面积最少，仅有 0.04km²。巫山县和巴南区地形坡位特征明显，除了少部分的平地、山坡类型，大部分区域坡位类型集中为山谷谷地和山脊。对两个地区而言，山谷谷地所占比例较为一致，巫山县山脊所占比例高于巴南区，巴南区山坡所占比例高于巫山县。由此可得，巫山县的地形起伏程度较大，巴南区的地势相对较为平缓。

(a) 巫山县

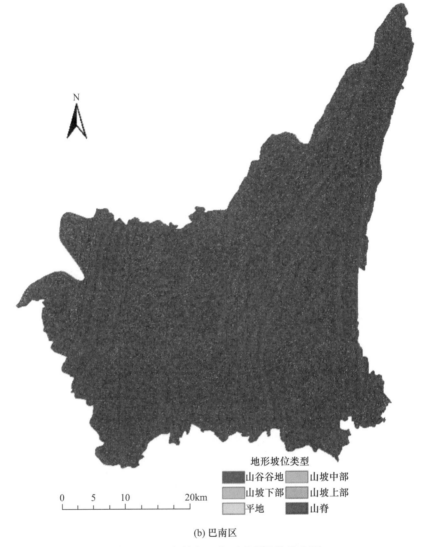

(b) 巴南区

图 2.10　巫山县和巴南区地形坡位分布图

2) 微地貌特征分析

根据巫山县和巴南区最佳分析窗口对应的 TPI，对其分别以 3×3 和 9×9，5×5 和 11×11，7×7 和 13×13，…，43×43 和 49×49 为最大/最小窗口，统计出不同大小窗口下微地貌类型所占比例，如图 2.11 所示。

由图 2.11 可得，巫山县和巴南区平地所占面积比例为 0，峡谷和山顶所占比例随着窗口的增大，增长趋势逐渐趋于平缓；浅山谷、河源、U 形谷、开阔山坡、台地、平地上小山、局部山脊等 7 种微地貌类型整体上随着窗口的增大，所占比例逐渐降低并接近于 0。但巴南区的开阔山坡类型随着窗口的增大，所占比例先降低后逐渐增大。利用均值变点法得到巫山县和巴南区的微地貌类型最佳分析窗口均为 3 号窗口的 7×7 和 13×13。

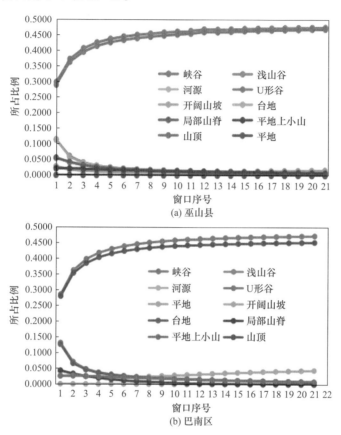

图 2.11　微地貌窗口序号与所占比例拟合曲线

3. 小结

基于 30m 分辨率的 DEM 数据，在 3×3，5×5，…，99×99 等不同分析窗口下对重庆市巫山县和巴南区进行 TPI 最佳分析窗口的提取。将分析窗口面积与 TPI 最大值进行拟合，发现指数曲线拟合效果最好。

TPI 随着分析窗口的增大而增大，但增长幅度在达到某一拐点之后出现下降的趋势。采用均值变点法确定 TPI 最佳分析窗口，得到巫山县最佳分析窗口为 17×17，对应窗口面积为 0.26km²。巴南区最佳分析窗口为 15×15，对应窗口面积为 0.20km²。进而将最佳分析窗口下的 TPI 与研究区坡度相结合得到相应的地形坡位分布图，显示大部分区域以山谷谷地和山脊为主。

利用重庆市巫山县和巴南区的 TPI 最佳分析窗口,分别以 3×3 和 9×9, 5×5 和 11×11, …, 43×43 和 49×49 为最大/最小窗口得到相应的微地貌类型分布。采用均值变点法得到巫山县和巴南区微地貌类型最佳分析窗口为 7×7 和 13×13。

本节根据确定分析窗口的最佳方法——均值变点法确定最佳阈值,但没有采用多种方法进行比对分析,未来可针对本研究区域选取最佳的研究方法进行进一步研究。

4. 应用实例

山区洪灾的发生会导致人员伤亡和大量财产损失,在我国多个区域发生频率较高。重庆市巫山县是典型的多山结构,其洪灾发生频率较高。洪灾的发生主要是降雨导致的江河水位猛增,水流入境。因此,洪灾与水系的发育状态息息相关。

水系的发育状态与区域地貌、气候相互影响。一般而言,水系的发育状态通过流域地貌结构进行描述。流域地貌结构主要通过流域面积、流域周长、河流总长、平均坡度、地表高差、地表粗糙度以及高程-面积积分值等参数来描述。洪灾是由地质条件、气候、降雨等多种因素引起的,而流域地貌与区域地貌、气候等条件息息相关,因此流域地貌条件可作为区域洪灾孕灾条件的主要机制。

当前相关学者对于流域地貌的研究主要集中在发育规律和成因、流域地貌特征及分布特征等方面。本节主要选取流域面积、流域长度、地形起伏度、河流频数、河网密度、分岔比、河长比以及圆形度等 8 个参数来描述流域地貌形态,通过熵值法确定各指标参数的权重,结合综合评价法得到巫山县小流域地貌结构洪灾孕灾空间分布情况。

1) 数据与处理方法

(1) 数据来源与处理。

DEM 数据来源于地理空间数据云(http://www.gscloud.cn),采用的是 GDEMV2 30m 分辨率的数字高程数据。基于 ArcGIS 对重庆市巫山县 DEM 数据进行填注预处理、水流方向以及汇流累积量等操作,分别以 100、500、1000、1500、2000、2500、5000、7500 为阈值对汇流累积量进行操作,得到不同阈值条件下的水系分布图。通过与实际情况相比较,最终确定将阈值为 2500 时提取的水系作为最终的河流网络分布图。采用 Strahler 分级方法将水系共分为 5 个等级,进而根据水流方向和确定的河流网络得到巫山县小流域分布图,结合河网的分布情况,合并部分小流域,最终得到的巫山县小流域分布数目共 128 个。

(2) 流域地貌参数。

流域的地貌形态主要通过基础参数和特征参数来表达。本节根据小流域的特点对部分参数进行适当的调整。

基础参数包括流域面积、流域长度、流域地形起伏度、河流频数以及河网密度等。

流域面积表示流域蓄水能力，面积越大，危险性越高。重庆市巫山县小流域面积分布如图 2.12(a)所示。由图 2.12(a)可知，巫山县各小流域的流域面积在 2.6782~72.0169km²，平均面积为 22.3465km²。流域长度指的是平行于主河道线的最大流域长度，巫山县小流域长度如图 2.12(b)所示，各小流域流域长度在 0.5763~15.9517km，平均流域长度为 6.1524km。流域地形起伏度指的是小流域内平均地形起伏度，巫山县小流域地形起伏度如图 2.12(c)所示，各小流域地形起伏度在 150~630m。

河流频数是指流域内各级河道的总数与其面积的比值。流域的河流频数越大，说明该流域高差越大，土壤下渗能力越弱，发生灾害的危险性也就越高，重庆市巫山县小流域河流频数空间分布如图 2.12(d)所示，各小流域的河流频数在 0.0677~

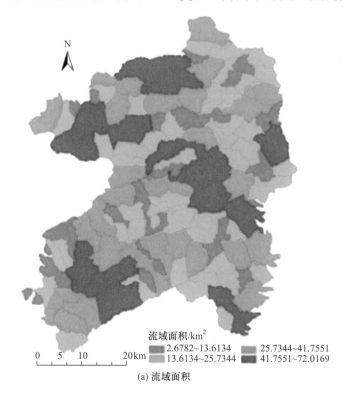

(a) 流域面积

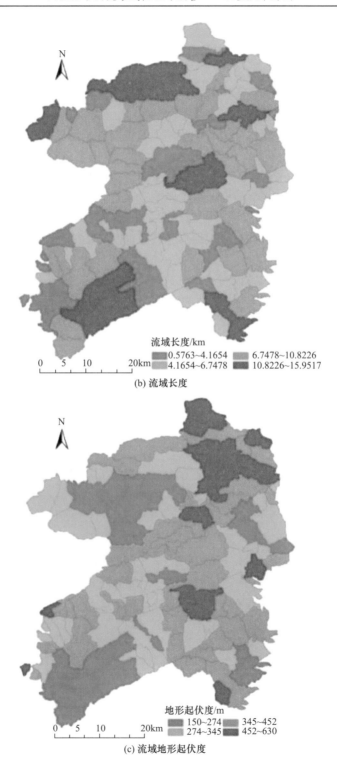

(b) 流域长度

(c) 流域地形起伏度

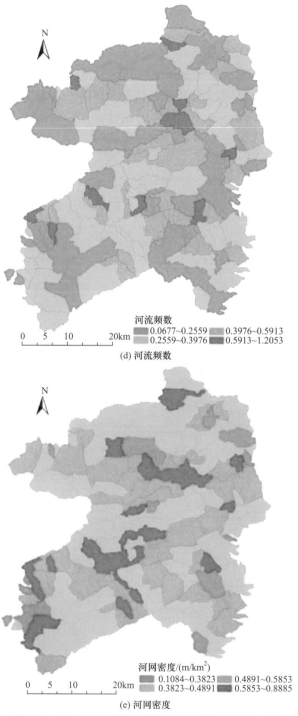

图 2.12 巫山县小流域地貌形态基础参数空间分布图

1.2053，平均河流频数为 0.1692。由图 2.12(d)可知，巫山县中部区域河流频数较大，具有较大的高差。

　　河网密度指的是单位流域面积的河网长度。河网密度越大，说明该流域内的水系条件越充沛，发生洪涝灾害的可能性越大，巫山县小流域河网密度空间分布如图 2.12(e)所示。各小流域的河网密度在 0.1084～0.8885m/km²，平均河网密度为 0.3006m/km²。由图 2.12(e)可以看出，巫山县中部河网密度较大。

　　特征参数主要包括分岔比、河长比以及圆形度等。

　　分岔比原指的是某一级河道的数目与比其高一级河道数目的比值，本节小流域中河道的分岔比指的是某一级河道的数目与其上级河道数目的比值。分岔比越大，表示流域的运动越活跃，发生灾害的可能性就越大。重庆市巫山县小流域分岔比空间分布如图 2.13(a)所示，各个小流域的分岔比在 0～4.0455，平均分岔比为 1.9266。分岔比为 0，表明该小流域只有 1 级河道，流域运动几乎为 0。

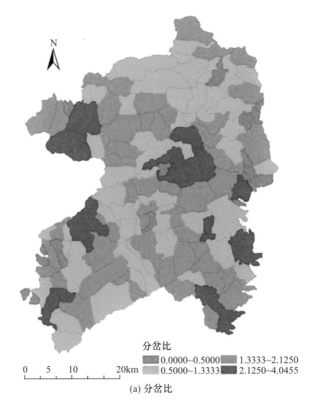

(a) 分岔比

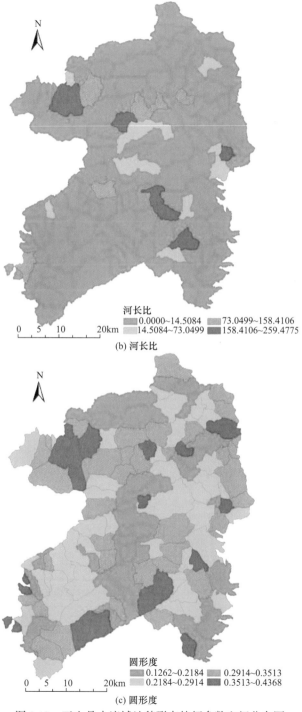

(b) 河长比

(c) 圆形度

图 2.13　巫山县小流域地貌形态特征参数空间分布图

小流域的河长比指的是流域中某一级河道的长度与其下级河道长度的比值，河长比与地表径流量有重要关系，河长比越大，表明流域的地表径流量越大，侵蚀能力越弱，发生灾害的危险性就越小，巫山县小流域河长比空间分布如图 2.13(b)所示。各个小流域的河长比为 0~259.4775，平均河长比为 0.4396。由图 2.13(b)可以看出，巫山县大多小流域的平均河长比较小，流域的地表径流量较小。

圆形度为流域面积与和该流域具有相同周长的圆的面积的比值。圆形度越趋向于 1，表明该流域形状越圆。圆形度的大小表明流域内河道生命周期的成长阶段，圆形度越大，成长阶段越成熟，危险性就越小，巫山县小流域圆形度空间分布如图 2.13(c)所示。各个小流域的圆形度为 0.1262~0.4368，平均圆形度为 0.3122。由图 2.13(c)可以看出，巫山县南部、东北部边缘以及西部的圆形度较大，流域内河道处于老年阶段；巫山县中部圆形度较小，流域内河道处于青年阶段。

(3) 指标评价方法。

采用熵值法确定指标权重，避免层次分析法等主观推断方法的主观性，根据各指标之间的离散程度确定各指标的权重值。

首先，建立 128 个小流域 8 个评价指标的样本矩阵，小流域地貌形态中流域面积、流域长度、地形起伏度和分岔比等基础参数值越大，危险性越大；而河长比和圆形度等特征参数值越小，危险性越大，根据表 2.5 对样本值进行量化，得到量化矩阵 X：

$$X = \begin{bmatrix} x_{11} & x_{12} & \cdots & x_{1j} \\ x_{21} & x_{22} & \cdots & x_{2j} \\ \vdots & \vdots & & \vdots \\ x_{i1} & x_{i2} & \cdots & x_{ij} \end{bmatrix} \tag{2.21}$$

式中，x_{ij}——样本小流域 i 对于指标 j 的量化值。

表 2.5　小流域地貌形态参数量化值

参数		不同危险程度下取值范围量化			
		微危险	低危险	中危险	高危险
基础参数	流域面积/km²	≤13.6134	13.6134~25.7344	25.7344~41.7551	>41.7551
	流域长度/km	≤4.16541	4.1654~6.74782	6.7478~10.82263	>10.82264
	流域地形起伏度/m	≤2741	2742~3452	3453~4523	>4524

参数		不同危险程度下取值范围量化			
		微危险	低危险	中危险	高危险
基础参数	河流频数	≤0.25591	0.2559~0.39762	0.3976~0.59133	>0.59134
	河网密度/(km/km²)	≤0.38231	0.3823~0.48912	0.4891~0.58533	>0.58534
特征参数	分岔比	≤0.5000	0.5000~1.3333	1.3333~2.12503	≥2.12503
	河长比	>158.4106	73.0499~158.4106	15.5084~73.0499	≤15.5084
	圆形度	>0.3513	0.2914~0.3513	0.2184~0.2914	≤0.2184

之后，将各指标同量化，计算小流域 i 所占指标 j 的比重 z_{ij}：

$$z_{ij} = \frac{x_{ij}}{\sum x_{ij}}, \quad i=1,2,\cdots,n; j=1,2,\cdots,m \tag{2.22}$$

式中，n——小流域数目；

m——指标数目。

然后，计算各指标的熵值：

$$a_j = \frac{\sum z_{ij}\ln(z_{ij})}{-\ln(n)}, \quad a_j \geqslant 0 \tag{2.23}$$

接着，计算各指标的权重：

$$q_j = \frac{1-a_j}{\sum\limits_{j=1}^{8}(1-a_j)} \tag{2.24}$$

最后，确定评价模型，通过综合评价模型对巫山县小流域洪灾孕灾地貌特征进行评价分析。

2) 结果分析

根据熵值法得到重庆市巫山县洪灾孕灾小流域地貌形态参数(表 2.5)中流域面积、流域长度、流域地形起伏度、河流频数、河网密度、分岔比、河长比、圆形度的权重依次为 0.1661、0.1600、0.1363、0.1609、0.1058、0.1026、0.0468、0.1216。通过综合评价模型将小流域地貌洪灾孕灾评价分为 4 个等级，得到巫山县小流域地貌洪灾孕灾评价结果，如图 2.14 所示。由图 2.14 可以看出，小流域地貌结构洪灾孕灾高危险主要集中于巫山县中心位置，微危险和低危险主要位于中部。统计

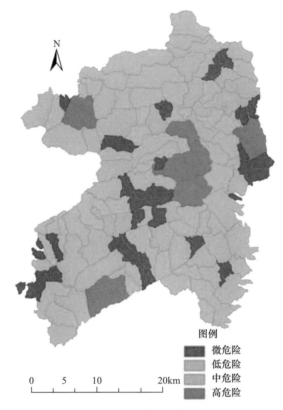

图 2.14　巫山县小流域地貌结构洪灾孕灾评价分布图

结果得到，巫山县小流域地貌结构洪灾孕灾危险性中高危险、中危险、低危险以及微危险所占比例依次为 4.69%、31.25%、39.06%以及 25%，其中中危险和低危险所占比例较高。

　　本节以巫山县小流域为研究单元，选取流域面积、流域长度、流域地形起伏度、河流频数、河网密度、分岔比、河长比和圆形度等 8 个流域地貌形态参数作为评价指标，采用熵值法对各指标进行评价，得到巫山县小流域地貌结构洪灾孕灾评价分布结果。

2.4　山区公路洪灾防治动态精细分段

　　公路交通是国民经济基础性设施，在经济建设中起着举足轻重的作用。良好的公路运营状况能有力地保证经济建设的正常运行，对各地社会经济、城乡建设起着促进作用。保障公路畅通非常重要，尤其是山区公路，因受地貌种类复杂、暴雨频发、山洪急流较多、河流水位变化幅度大等诸多因素的影响，公路主管部门如何更有效、更精细化管理各路段成为亟待解决的问题。

基于 ArcGIS 软件平台，首先以行政区划界线、里程为管理标志对公路进行精细分段，综合研究 S105 公路在各乡镇境内长度、行政村比例以及综合管理系数；选取间隔尺度 1000m、500m、100m 为不同里程标志对研究区公路进行精细分段，研究各乡镇分段数量与剩余分段数，进而提出山区公路分段最佳间隔尺度选择；然后以自然标志对 S105 公路进行精细分段，研究沿线路段微地貌类型、坡向空间分布、高程变化趋势，并对公路沿线潜在的洪灾危险性进行分析，研究结果可为公路管理部门对山区公路精细化管理提供相关决策，同时对保障山区公路畅通及防灾预警具有重要意义。

2.4.1　基于管理标志公路精细分段研究

管理系数指的是公路管理部门对道路管理的难易程度，该值越大，管理难度越大。以行政区划界线和不同里程等标志对研究区公路进行精细分段，研究公路在各乡镇境内长度、行政村比例以及综合管理系数，根据综合管理系数的大小对 S105 公路沿线乡镇难度大小进行排序，从而为研究区各路段更有效的精细化管理提供科学依据；以 1000m、500m、100m 为间隔尺度，采用动态分段技术，分析各乡镇境内分段数量与剩余分段数，进而提出山区公路分段间隔尺度最佳选择。研究通过两种标志对公路进行精细化管理。

1. 基于行政界线公路精细分段

公路的综合管理对保障公路畅通、防灾与预警以及公路动态监测具有重大意义。以乡镇行政界线作为管理尺度对 S105 公路进行精细分段，其分段结果如表 2.6 所示。

表 2.6　巫山县 S105 公路精细分段结果

管理尺度	邓家土家族乡	笃坪乡	抱龙镇	官渡镇	建平乡	铜鼓镇	庙宇镇
境内长度/km	15.09	13.08	46.28	41.25	7.04	18.11	21.13
行政村比例/%	27.27	8.33	30.77	32.50	15.00	33.33	25.00
综合管理系数	10.24	17.63	9.17	8.71	13.01	22.11	19.12

S105 公路在巫山境内共 161.98km，沿线途经邓家土家族乡、笃坪乡、抱龙

镇、官渡镇、建平乡、铜鼓镇、庙宇镇等 7 个乡镇，其中抱龙镇与官渡镇境内长度最长，建平乡最短；抱龙镇与官渡镇综合管理系数差值最大，而邓家土家族乡与庙宇镇差值最小。对管理标志空间进行可视化分析，其结果空间分布如图 2.15 所示。

图 2.15　基于行政界线的巫山县 S105 公路精细分段图

公路管理部门可将研究区境内行政村数量、分段长度作为管理标志对各路段进行精细化管理，以行政村作为管理尺度对灾害易发路段进行监测与防范，同时也可将灾害频发区域以行政村为尺度对各乡镇公路管理部门进行责任分配，从而实现对管辖区域公路进行监测与防治。通过以上研究得出，S105 公路综合管理系数大小排序为铜鼓镇＞庙宇镇＞笃坪乡＞建平乡＞邓家土家族乡＞抱龙镇＞官渡镇，公路管理部门可根据综合管理系数大小进行不同层次的责任分配，从而实现研究区公路不同层次管理，公路主管部门能够更有效、更精细化地管理各路段。

2. 基于不同里程公路精细分段

应用里程可方便各路段管理，使公路管理部门能够在第一时间确定事件发生的位置。公路管理部门应以线路在路网中的起始节点为起点确定零公里程，不能以建设路段的起始点为起点确定"零公里"桩。线路走向分为三种情况：①以省会城市为中心放射；②从北往南；③自东向西。若以 0+000 作为零公里程，一般公路里程最小单位为 100m。里程分段数量计算公式如下：

$$N_i = \frac{S}{R}$$ (2.25)

式中，N_i——里程分段数量(计算结果取整)；

　　　R——间隔尺度；

　　　S——公路总长度。

分段过程中会出现分段剩余的情况，以 S105 公路为例进行分析，取其不同间隔尺度进行精细分段，分段剩余公里数计算公式如下：

$$L = S - N_i R$$ (2.26)

式中，L——分段剩余公里数；

　　　N_i——里程分段数量；

　　　R——间隔尺度。

根据公路管理部门相关规定，本研究以里程为管理标志，对巫山县 S105 公路以间隔尺度 1000m、500m、100m 为不同里程标志作为管理尺度进行研究区精细分段，分段结果如表 2.7 所示。

表 2.7　基于里程分段的巫山县 S105 公路精细分段结果

间隔尺度/m	里程	分段数量/段						
		邓家土家族乡	笃坪乡	抱龙镇	官渡镇	建平乡	铜鼓镇	庙宇镇
1000	K1～K158	15.2	13.5	45.1	40.8	7.9	18.6	19.7
500	K1～K320	29.6	26.2	93.6	83.1	14.4	37.2	41.4
100	K1～K1615	153.1	128.3	465.5	403.3	71.2	187.1	208.1

由里程精细分段结果可知，分段间隔尺度为 1000m 时，全程拟定分段 158 段，剩余分段长度为 3.98km；分段间隔尺度为 500m 时，全程拟定分段 320 段，剩余分段长度为 1.98km；分段间隔尺度为 100m 时，全程拟定分段 1615 段，剩余分段长度为 0.48km。可见，不同间隔尺度的公路精细分段，分段间隔尺度选择越大，分段数越少；分段间隔尺度选择越小，分段数越多。

间隔尺度分段结果显示，分段数呈倍数增加。然而在分段过程中，往往会出现剩余分段的情况，且分段间隔尺度选择越小，剩余分段数越小，剩余分段往往出现在公路与行政区划边界交点处，由此可见，分段间隔尺度的选择至关重要。根据以上分段规律，选取 1000m 为间隔尺度对 S105 公路进行精细分段，最终分段结果分布如图 2.16 所示。

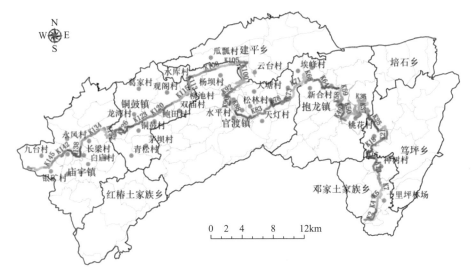

图 2.16　巫山县 S105 公路基于里程精细分段图

2.4.2　基于自然标志公路精细分段研究

以高程、坡向和微地类型(坡位)等自然因素为标志对研究区 S105 公路进行精细分段，分析研究区公路沿线路段高程变化趋势、坡向分布规律、微地貌类型等自然标志特征，分段结果能够为研究区公路洪灾频发区域提供精确坐标，实现灾害路段精准定位，为公路沿线自然灾害产生机制的研究奠定基础。

1. 基于高程、坡向因素公路精细分段

高程对公路沿线安全性评价与管理影响很大，地势平坦的区域高程变化趋势小，地势崎岖、地形起伏大的区域潜在危险性高。巫山县 DEM 显示，省道 S105沿线高程变化趋势较大，其高程最低区域为 85m，最高区域为 2098m。鉴于此，本节以高程为自然标志对 S105 公路进行精细分段，分析沿线路段高程变化趋势，确定公路洪灾频发区域。

S105 公路高程精细分段结果如图 2.17 所示，S105 沿线路段中部、西部高程低，东部高程高。邓家土家族乡与笃坪乡境内路段高程较高，地势较为陡峭，而抱龙镇与官渡镇地势较为平坦，沿线高程由西向东呈递减的趋势；笃坪乡至抱龙镇 K25～K36+600 路段，高程呈急剧下降的趋势，可见该区域地势起伏较大，公路洪灾发生的可能性较高。

公路沿线高程变化越大，公路洪灾发生的可能性越高。桃花村、马坪村、云台村、铜鼓村、永风村高程变化趋势大，其中桃花村、马坪村和云台村高程变化

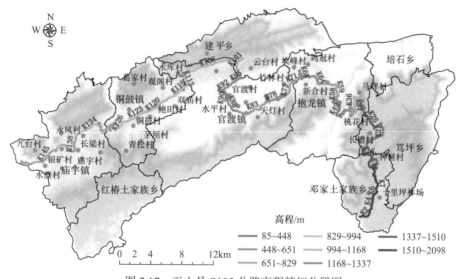

图 2.17　巫山县 S105 公路高程精细分段图

最为明显，极易发生公路洪灾，需要重点监测与防治；而铜鼓村与永风村为洪灾中等易发区域，需要在汛期对其进行强化监测；其他区域为轻度危险区，对其进行一般监测与防治即可。

坡向影响公路沿线降水量，直接或间接成为公路洪灾致灾因素。沿线公路坡向变换频率不同，公路洪灾发生的可能性不同。本节研究以坡向为自然标志对 S105 公路进行精细分段，对研究区路段不同方位坡向进行划分(表 2.8)，研究其坡向分布规律。

表 2.8　巫山县 S105 公路坡向分段情况

坡向	北	东北	东	东南	南	西南	西	西北
分段数量/段	72	73	60	105	156	112	116	125

坡向频繁变换，表明研究区弯道路段较多，公路洪灾发生的可能性较高。由 S105 公路坡向精细分段整体上可以看出(图 2.18)，研究区路段位于南坡向与西坡向方位较多，东坡向与东北坡向较少；邓家土家族乡、笃坪乡、抱龙镇、铜鼓镇境内路段坡向变换频繁，急转弯路段较多，公路洪灾发生的可能性较高；建平乡与庙宇镇境内以南坡向和东南坡向为主，且坡向变换频率较小；长槽村、马坪村、新合村、天灯村、龙湾村、银矿村坡向变化频率较快，公路洪灾发生的可能性较高，需要对其进行重点监测与防治，以保障公路正常运行。

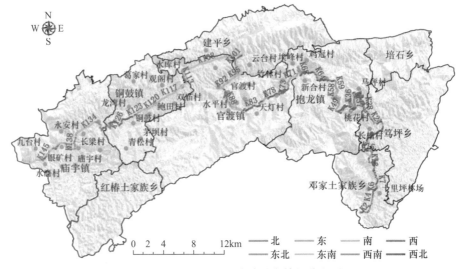

图 2.18　巫山县 S105 公路坡向精细分段图

从里程角度分析，K2+100～K14+800、K20+200～K28、K73～K101+900、K102～K122+400、K123～K132+700、K138～K145 路段坡向变换频率较快，公路洪灾发生的可能性较高，K2+100～K14+800、K20+200～K28、K73～K101+900路段为高度易发区域，需要对其重点防治；K49～K72+800 路段坡向以东、北坡向为主，而 K102～K122+400 坡向以南坡向为主。

2. 基于微地貌因素公路精细分段

公路沿线微地貌类型为公路洪灾孕灾环境组成部分，不同微地貌类型孕育公路洪灾的可能性不同，而坡位微地貌类型可间接反映公路沿线危险程度。因此，本节以坡位微地貌为自然标志对研究区公路进行精细分段，进而对研究区路段不同坡位微地貌类型进行研究。

将巫山县按照坡位微地貌类型进行划分(表 2.9)，由结果可以看出，巫山县坡位微地貌类型以山谷谷地与山脊为主，平地较少。运用 ArcGIS 技术，将微地貌类型进行栅格与矢量转换，作为分段事件图层，并以间隔尺度为 1km 作为标志对研究区进行路径创建，采用线性参考工具对 S105 沿线微地貌类型进行精细分段。

表 2.9　巫山县坡位微地貌类型

类型	山谷谷地	山坡下部	平地	山坡中部	山坡上部	山脊
数值(单元格)	1742931	34714	7	68914	34027	1739235

S105 公路微地貌精细分段结果(图 2.19)显示，沿线以山谷谷地微地貌和山脊微地貌为主。通过对管理标志与微地貌自然标志综合分析得出，位于 K1～K7+200 路段微地貌坡位类型以山谷谷地为主，K7+200～K11+500 路段处于上坡路段，K11+500～K15 路段处于下坡路段；K7～K11 路段微地貌类型为山脊，K1～K7、K11～K25 路段以山谷谷地微地貌为主；抱龙镇境内桃花村 K26+200～K58+800 路段山脊微地貌与山谷谷地微地貌交替出现，可判定该路段为隧道桥梁区域，地貌类型复杂，为典型山区公路特征区域，公路洪灾易发性较高，需要重点监测与防治；K59～K83+700 路段为山谷谷地微地貌类型，部分路段为山脊微地貌，公路洪灾易发性较低，K83+70～K88+800 路段为山谷谷地微地貌与山脊微地貌交替地带，地貌类型复杂，地形起伏大，公路洪灾易发性较高；官渡镇境内 K88+800～K114+600 路段与庙宇镇境内路段以山谷谷地微地貌为主，铜鼓镇境内 K115～K27+100 路段为山脊微地貌类型，境内微地貌出现山脊与山谷谷地转换现象，研究区沿线路段多为上坡与下坡路段，若山脊与山谷谷地微地貌类型频繁交替变换，该区域路段多为隧道桥梁区域。

图 2.19　巫山县 S105 公路微地貌精细分段图

微地貌类型越单一，公路洪灾发生的可能性越小；微地貌类型越复杂，公路洪灾发生的可能性越大。根据 S105 沿线路段微地貌类型，以及山脊与山谷谷地微地貌类型转换频率，可判定研究区路段公路洪灾易发程度。通过管理标志与自然标志综合分析，邓家土家族乡、抱龙镇、铜鼓镇微地貌类型复杂，公路洪灾易发程度高；神树村、桃花村、水平村、柳池村、龙湾村境内微地貌类型转换频率高,公路洪灾发生的可能性较高；K7～K11+600、K26+100～K49+700、K121+200～

K130 路段公路洪灾易发程度高。

3. 小结

(1) 以行政区划和里程为管理标志的研究区精细分段(图 2.15 和图 2.16),S105 公路研究区管理系数大小排序为铜鼓镇＞庙宇镇＞笃坪乡＞建平乡＞邓家土家族乡＞抱龙镇＞官渡镇。通过对研究区分段结果研究分析,公路管理部门以乡镇行政区界线为尺度对相应路段进行科学管理,公路管理部门还可根据综合管理系数的大小进行不同层次的责任分配,从而实现研究区公路不同层次管理,公路主管部门可以更有效、更精细化地管理各路段。

(2) 基于自然标志的研究区公路精细分段,以里程与行政区划为管理标志对研究区微地类型、坡向、高程进行分段研究,通过研究分析得出:①桃花村、马坪村、云台村、铜鼓村、永风村高程变化趋势大,其中桃花村、马坪村和云台村高程变化最为明显,极易发生公路洪灾;②S105 公路坡向分段结果多为南坡向与西坡向,东坡向与东北坡向较少,邓家土家族乡、笃坪乡、抱龙镇、铜鼓镇境内路段坡向变换频繁,公路洪灾发生的可能性较高;③微地貌精细分段结果显示,邓家土家族乡、抱龙镇、铜鼓镇微地貌类型复杂,神树村、桃花村、水平村、柳池村、龙湾村境内微地貌类型转换频率高,K7～K11+600、K26+100～K49+700、K121+200～K130 路段公路洪灾易发程度高。

2.5　多尺度公路洪灾孕灾环境综合分区

相关研究学者主要利用灰色关联法、综合指数法、模糊综合评估模型进行洪灾分区。马保成等(2012)在山区沿河公路水毁危险性评价方法的研究中,通过理论分析和系统考察,确定了洪水流量、水位和流速等主要的危险因子,以及洪水持续时间和河流形态等次要的危险因子,并运用灰色关联法确定了各危险因子的权重,进而预测山区沿河公路的水毁灾害;林孝松等(2015)利用层次分析和专家效度相结合的方法对地形地貌、降水量、岩性、河网密度和植被覆盖度等指标计算权重,采用综合指数法建立了公路洪灾危险综合指数模型,将四川省县域公路洪灾危险性划分为高、中、低、微四个等级,并对四川省县域公路洪灾危险性评价进行了研究;陈朝亮等(2019)利用 AHP-Logistic 模型确定了内江市地质灾害易发区域,结合历史灾害发生点数据对易发区域评估结果进行了校正,完善了地质灾害评估体系。

2.5.1　大尺度公路洪灾孕灾环境分区

我国自然灾害发生频繁,洪水灾害是对整个社会经济发展影响最大的自然灾害,是自然界的洪水作用于人类社会的产物,也是自然和人类关系的表现。公路洪灾孕灾环境研究是风险识别与评价研究中的重要组成部分，同时也是公路洪灾管理工作的重要基础。灾害的发生存在一定的影响因素和特定的孕灾环境，西南地区公路洪灾孕灾环境的影响因素众多，致灾均是多种因素共同作用的结果。本节针对西南地区公路洪灾，选择公路沿线地质灾害历史发育条件(x_1)、地貌条件(x_2)、地质岩性(x_3)、年均降水量(x_4)、植被覆盖度(x_5)和地质构造条件(x_6)等 6 个孕灾环境指标，采用综合指数法建立孕灾环境指数评价模型。在 GIS 技术的支持下，以网格为单位提取各网格的孕灾环境指数，据此结合区县级行政区划将公路洪灾孕灾环境划分为四个等级区，即危险区、高易发区、中易发区和低易发区。

公路洪灾指的是降雨及其引发的一系列地质灾害等对公路基础设施造成损害。公路沿线地质灾害历史发育条件主要是指研究区公路沿线地质灾害发育情况，常用每千米分布的地质灾害数量来表示。我国西南地区发育的主要地质灾害类型为以滑坡、崩塌、泥石流为代表的斜坡类地质灾害和以岩溶塌陷为代表的岩溶类地质灾害。根据调查，研究区公路地质灾害类型以滑坡、崩塌和泥石流为主，其中滑坡、崩塌为威胁公路安全运营和建设的主要地质灾害。对贵州省国道和省道(镇兴线、清黄线、贵新线、崇遵线、玉凯线、凯麻线、镇胜线、镇水线、东北绕城线等)主要干线公路的地质隐患(含滑波、崩塌、泥石流、高切坡等)资料进行收集整理，统计结果表明贵州省干线公路的地质灾害(含滑坡、崩塌、泥石流)共计 301 处，其中滑坡有 157 处，占总数的 52.16%；崩塌有 135 处，占总数的 44.85%；泥石流有 5 处，占总数的 1.66%；高切坡有 4 处，占总数的 1.33%。公路沿线地质灾害的发生不仅对公路基础工程设施的建设和运营产生了严重的危害，制约了公路交通持续稳定的发展，同时也为暴雨洪灾的产生提供了有利的条件，严重制约了区内社会经济的建设和发展。

公路洪灾孕灾环境分区遵循考虑引发洪灾的实际情况，兼顾地质环境复杂程度，结合人类工程活动的强度，依据孕灾环境指数进行分区的原则。本节基于 ArcGIS 强大的空间分析功能，对研究区的基础数据进行处理与分析，最终得到公路洪灾孕灾环境分区结果。

首先利用 ArcGIS 对我国西南地区的相关基础资料(主要为选定的评价洪灾孕灾环境指标项)进行分层数字化处理，即各孕灾环境评价指标图层的分层式管理，用于绘制不同洪灾孕灾环境指标 ArcGIS 格式的单指标专题图；然后建立研究区细分网格图，采用正方形网格单元划分，得到以 1000m×1000m 为尺寸单元的 1033669 个评价单元。每个评价单元赋予各项评价指标相应分级的量化值，再以区县级行政区为单位，汇总统计出各县级行政区的单项指标平均值结果。

1. 公路洪灾孕灾环境综合评价指数模型

公路洪灾孕灾环境综合评价方法主要采用多因素综合指数法。公路洪灾孕灾环境综合指数是公路洪灾孕灾环境评价的综合量化指标，用于评价孕灾环境的分级，并可根据该值的大小对西南地区的公路洪灾孕灾环境进行分区评价。公路洪灾孕灾环境综合指数是由各分指数加权叠加得出的，该方法适用于研究多因子评价体系结构的特点。

公路洪灾孕灾环境综合指数通过孕灾环境分指数的加权求和计算获取，其计算模型为

$$Z = \sum_{i=1}^{n} W_i F_i \tag{2.27}$$

式中，Z——洪灾孕灾环境综合指数；

　　　W_i——孕灾环境各指标的权重；

　　　F_i——各孕灾环境指标的赋值，在具体计算时先采用评价单元合并汇总，然后合并为区县级行政区进行评价。

2. 公路洪灾孕灾环境分区

利用公路洪灾孕灾环境综合评价指数模型计算我国西南地区公路洪灾孕灾环境综合指数，研究区 407 个县级行政区的综合指数值在 35.45～76.58，平均值为 61.27。

在 ArcGIS 中，各洪灾孕灾环境指标值以行政区为单位，按权值进行叠加运算，结合前述洪灾孕灾环境综合指数量化公式(式(2.27))，计算得到每个行政区的洪灾孕灾环境综合指数，再将所得到的各行政区洪灾孕灾环境综合指数进行标准化处理，得到各行政区的标准洪灾孕灾环境综合指数。标准化公式如下：

$$I_j = \frac{F_j - F_{\min}}{F_{\max} - F_{\min}} \times 100 \tag{2.28}$$

式中，F_j——各行政区孕灾环境综合指数；

　　　$F_{\min}$——各行政区孕灾环境综合指数最小值；

　　　$F_{\max}$——各行政区孕灾环境综合指数最大值；

　　　I_j——各行政区孕灾环境综合指数标准值。

将我国西南地区各县级行政区孕灾环境综合指数进行标准化处理，按照 0～25、25～50、50～75、75～100 划定洪灾孕灾环境为四个等级，西南地区公路洪灾孕灾环境主要集中在高易发区和中易发区，两者面积所占比重高达 87.94%，其中高易发区面积所占比重达 59.26%，中易发区面积比重占 28.68%；另外，危险区面积比重占 10.16%，低易发区面积比重仅 1.90%。由此可知西南地区孕育公路洪灾发展的条件充分，公路管理与运营部门汛期洪灾防治任务繁重。

从空间分布来看，西南地区公路洪灾孕灾环境的危险区主要集中在贵州省的桐梓、仁怀、遵义、镇远、锦屏、荔波和沿河等县(市)，四川省的德格、壤塘、广元、南江、旺苍、通江、江油、万源、安县、绵竹、彭州、都江堰、崇州、芦

山、天全、雨城、岳西和昭觉等县(市)，云南省的大理、隆阳、江城、景东和镇
沅等以及重庆市的城口、巫溪、巫山、云阳、奉节、彭水、秀山和酉阳等县(市)，
在汛期相关管理部门应加强预防和应对措施。

2.5.2　中尺度公路洪灾孕灾环境分区

本节以覃庆梅等(2011)对重庆市万州区公路洪灾孕灾环境分区的研究为例，
对中尺度(区县尺度)公路洪灾孕灾环境进行探讨。

重庆市万州区的公路洪灾孕灾环境影响因素有很多，主要包括地形条件、地
质地貌特征和气候条件。对于洪灾孕灾环境，暴雨与年均降水量为主要动力因素。
在所述因素中，任何单因素都不足以引发公路洪灾，致灾只可能是几种因素的耦
合。依据经验与历史资料分析，地形条件、地质地貌特征和气候条件是发生公路
洪灾的主要原因。因此，根据研究区的实际情况以及对公路洪灾孕灾环境影响因
素的综合分析，筛选出 8 个主要孕灾环境指标，即公路沿线地质灾害历史发育条
件(x_1)、暴雨强度(x_2)、洪水频次(x_3)、地貌条件(x_4)、岩性条件(x_5)、年均降水量(x_6)、
植被覆盖度(x_7)与地质构造(x_8)。确定权重有多种方法，其中层次分析法原理简单，
且有数学依据，是一种整理和综合人们主观判断的客观方法。层次分析法简称
AHP，20 世纪 80 年代初期由 Gholamnzhad 引入我国，是系统分析中一种新的简
易实用的决策方法，尤其适用于难以用定量方法进行分析的复杂问题。它的基本
原理是将整个系统按照因素间的相互关联影响以及隶属关系分解为若干层次，通
过同层次两两因素的对比，逐层定出最低层(指标层)因素相对于最高层(目标层)
因素的相对重要性权值，从而将人类的主观判断思维过程用数学形式表达和处理，
同时还可以检查主观判断过程的一致性。

1. 公路洪灾孕灾环境综合评价指数模型

公路洪灾孕灾环境评价方法主要采用公路洪灾孕灾环境综合指数法。公路洪
灾孕灾环境综合指数是公路洪灾孕灾环境的综合量化指标，用于评价孕灾环境的
分级，对研究区的公路洪灾孕灾环境进行分区评价。公路洪灾孕灾环境综合指数
由分指数叠加算出，该方法适用于研究多因子评价体系结构的特点。

公路洪灾孕灾环境综合指数通过孕灾环境分指数的加权求和计算获取，其计
算模型为

$$F = \sum_{i=1}^{n} f_i W_i \tag{2.29}$$

式中，F——洪灾孕灾环境综合指数；

　　f_i——孕灾环境各指标的权重；

　　W_i——各因子的赋值，采用单元面积评价法计算得到。

各指标权重系数和各指标已分级赋值，其洪灾孕灾环境指数为

$$F=0.2500x_1+0.2045x_2+0.1591x_3+0.1364x_4+0.1136x_5+0.0682x_6+0.0455x_7+0.0227x_8$$

2. 公路洪灾孕灾环境分区

在 ArcGIS 中，将各洪灾孕灾环境指标图以乡镇行政区为单位，按权值进行叠加运算，结合前述洪灾孕灾环境综合指数量化公式(式(2.29))，获取其每个行政区的洪灾孕灾环境综合指数，绘制出重庆市万州区公路洪灾孕灾环境综合指数分布图，再对所得到的行政区的洪灾孕灾环境综合指数进行标准化处理，得到各行政区的标准洪灾孕灾环境综合指数。依据各乡镇标准孕灾环境综合指数划定洪灾孕灾环境等级，生成重庆市万州区公路洪灾孕灾环境分区图。万州区洪灾孕灾环境综合指数中铁锋乡最高，为 77.91；滚渡镇最低，为 55.43。每一个地区的洪灾孕灾环境综合指数表明该地区发生洪灾的可能性；洪灾孕灾环境综合指数越大，洪灾就越容易发生。结合重庆市万州区的行政区划，其公路洪灾孕灾环境划分为 4 个等级区，即危险区、高易发区、中易发区和低易发区。其中，危险区的洪灾孕灾环境综合指数为 75～100，面积为 539.54km^2，占区域总面积的 15.61%；高易发区的洪灾孕灾环境综合指数为 50～75，面积为 1465.71km^2，占区域总面积的 42.40%；中易发区的洪灾孕灾环境综合指数为 25～50，面积为 889.59km^2，占区域总面积的 25.73%；低易发区的洪灾孕灾环境综合指数为 0～25，面积为 562.17km^2，占区域总面积的 16.26%。

3. 小结

(1) 通过对洪灾孕灾环境构成要素进行分析，结合重庆市万州区的实际情况，按照指标选取原则，选取了 8 个孕灾环境指标，利用层次分析法确定了各指标的权重并且分级赋值，构建了孕灾环境指数模型，计算出了万州区洪灾的孕灾环境综合指数，将万州区洪灾孕灾环境划分为 4 个等级区，即危险区、高易发区、中易发区和低易发区。

(2) GIS 具有强大的空间分析功能，可将评价单元的划分、评价因子的选取、权值的确定、等级的评定和成果图的输出等综合为一个共同的数据流程，大大提高了综合评价的效率和精度；层次分析法是从定性分析到定量分析综合集成的典型决策分析方法，运用 GIS 技术及层次分析法集成分析洪灾的孕灾环境，结果更科学、合理，从而确保了评判结果的可靠性。

(3) 本节建立的孕灾环境综合指数模型具有一定的客观性和普遍性，可以推广运用到其他地区进行洪灾孕灾环境综合分区。研究成果对公路洪灾风险评估具有一定的实用价值。

2.5.3　小尺度公路洪灾孕灾环境分区

以重庆市巴南区安澜、圣灯山两镇山洪灾害为研究对象，通过一系列的实地调查、资料统计和软件空间分析等，利用多因素综合评价法对山区镇域山洪灾害进行孕灾环境分区评价分析，其评价结果可为当地镇域山丘区的防洪决策、山洪预警以及抢险施救提供科学数据；基于维系生态环境平衡的原则，研究结果可为山区经济的可持续发展提供科学保障。利用 GIS 软件进行技术支持，针对研究区山洪灾害孕灾环境分区构建指标体系，包括分级赋值、获取权重等；基于 GIS 技术，对山洪灾害孕灾环境影响因子原始数据进行数字化处理，获得所需各指标单要素图层数据，从而建立研究区山洪灾害孕灾环境分区数据库；基于分级赋值标准对各指标数据进行栅格重分类，结合权重大小及 GIS 技术对各指标进行叠加分析，构建山洪灾害孕灾环境分区模型。

通过查阅大量文献、收集资料和咨询专家意见，针对研究区各指标因子的实际情况进行综合分析，进而对安澜、圣灯山两镇山洪灾害孕灾环境评价指标进行量化赋值，并确定数据分级量化标准，将 5 个孕灾因子分为 4 个等级区，即低易发区、中易发区、高易发区和危险区，按照数值 1、2、3 和 4 进行相应赋值。

依据前述，建立山洪灾害孕灾环境数据库的指标因子包括公路沿线地质灾害历史发育条件(x_1)、坡度与起伏度(x_2)、年均降水量(x_3)、植被覆盖度(x_4)和人类活动(x_5)等，其中各指标对山洪灾害孕灾环境的贡献程度由权重大小体现。在多因素指标评价分析中，权重的得分决定了各指标优劣等级的排序，其准确性对最终孕灾环境分区的结果有直接影响。因此，为保证结论的可靠性，本节采用普遍简单、准确性高的层次分析法求取各指标权重。

从对研究区山洪灾害孕灾环境的影响程度来看，各指标的重要性排序为公路沿线地质灾害历史发育条件(x_1)＞坡度与起伏度(x_2)＞年均降水量(x_3)＞人类活动(x_5)＞植被覆盖度(x_4)。为了得到更客观的权重，求得 20 位专家以上各指标权重结果的平均值，即公路沿线地质灾害历史发育条件(x_1)、坡度与起伏度(x_2)、年均降水量(x_3)、人类活动(x_5)、植被覆盖度(x_4)的权重分别为 0.3743、0.2491、0.1766、0.1195、0.0805。

1. 评价指标重分类

在山洪灾害孕灾环境各指标数字化提取并建立了孕灾环境数据库的基础上，基于 GIS 空间分析技术中的重分类工具，结合上述分级赋值对各孕灾环境指标进行重分类。重分类是依据给予的特定条件针对栅格数据进行重新分配数值，使其完成新的类别分类，达到想要的数据类别效果。在多因素综合指标评价过程中，重分类往往是其中非常关键且必要的一个步骤，也是多个指标因子叠加运算的前提。

利用栅格重分类工具并结合分级赋值表对各孕灾指标，即公路沿线地质灾害历史发育条件、坡度与起伏度、年均降水量、植被覆盖度和人类活动进行重新类别分类。需要注意的是，在 GIS 中，重分类分析只针对栅格数据进行，而矢量数据需要通过转换工具得到相应的栅格形式，才可进行重分类分析。例如，研究区植被覆盖度数据属于矢量形式，需要通过 GIS 中的 Feature to Raster 工具进行格式转换之后才可进行重分类。另外，人类活动指标中的道路缓冲区图层并非包含整个研究区，因此需要利用 GIS 中的 Union 工具合并道路缓冲区与研究区行政区，然后利用格式转换工具获得栅格数据，从而依据上述分级赋值表进行栅格数据重分类，并对道路缓冲区图层中新加入的要素赋值为 0。山洪灾害孕灾环境各指标重分类效果如图 2.20～图 2.26 所示。

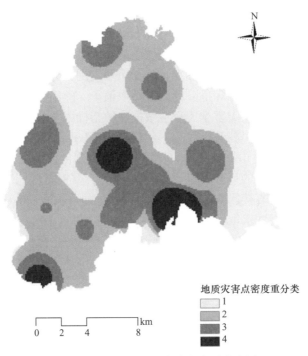

图 2.20　研究区地质灾害点密度重分类图

2. 孕灾环境分区

根据上述孕灾环境各指标重分类结果，基于 GIS 的空间叠加功能，实现各指标栅格值与其对应权重值的叠加运算，叠加运算的结果即山区镇域山洪灾害孕灾环境分区的结果。首先加载各孕灾指标重分类栅格图层，利用空间分析中的 Weighted Sum 工具对各图层进行叠加运算。其中，坡度与起伏度充当的是一个指标因子，指标权重为 0.2491，坡度与起伏度权重均为 0.1246；同理，居民区和道

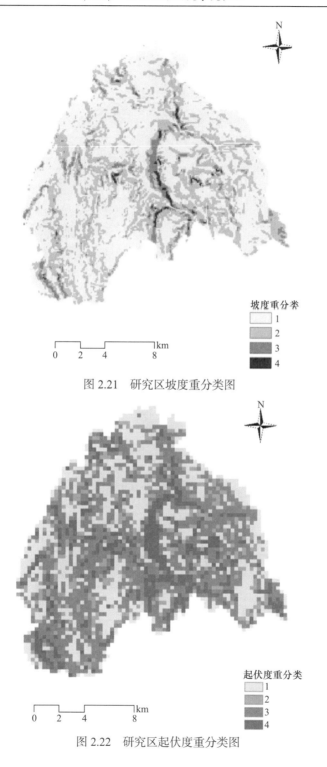

图 2.21　研究区坡度重分类图

图 2.22　研究区起伏度重分类图

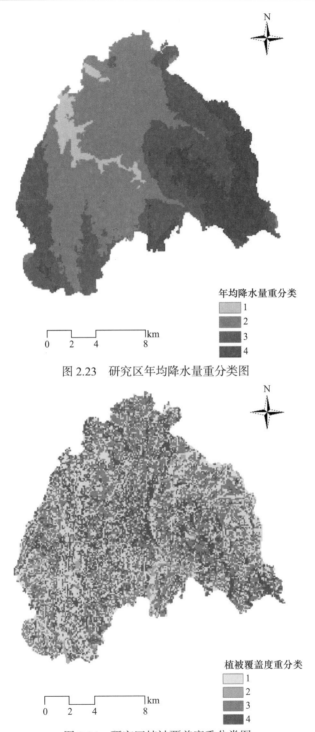

图 2.23　研究区年均降水量重分类图

图 2.24　研究区植被覆盖度重分类图

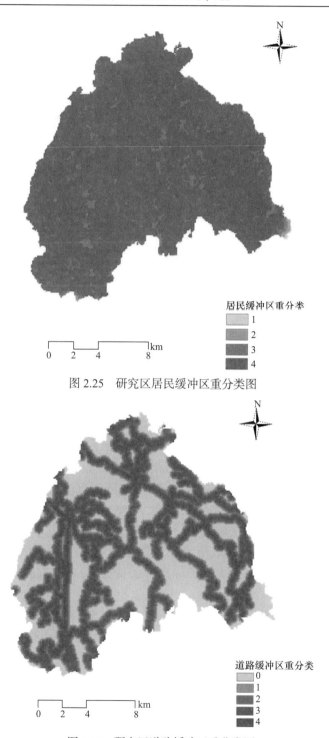

图 2.25　研究区居民缓冲区重分类图

图 2.26　研究区道路缓冲区重分类图

路栅格图层的权重占人类活动指标权重的 1/2，均为 0.0597。通过函数叠加运算，最终得到研究区山洪灾害孕灾环境叠加运算效果图(图 2.27)，其中研究区孕灾环境各栅格赋值得分为 1.1194～3.8157。

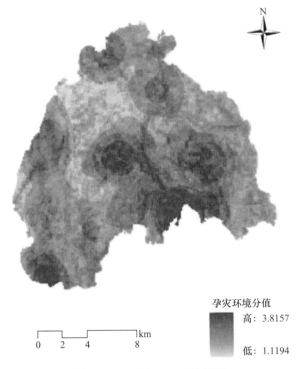

孕灾环境分值

高：3.8157

低：1.1194

图 2.27　Weighted sum 效果图

　　基于孕灾环境叠加运算结果图(图 2.28)及其属性信息，在 ArcGIS 中利用分区效果较为明显的几何间隔(geometry interval)分类方法对效果图各栅格的孕灾环境赋值得分，即对属性值进行等级划分，可得到危险区、高易发区、中易发区和低易发区四个孕灾环境各等级的赋值得分范围(表 2.10)。其中，危险区的赋值得分为 2.87～3.82，网格数量为 2520 个，面积为 25.20km^2，占研究区总面积的 9.65%；低易发区、中易发区和高易发区的赋值得分分别为 1.11～2.06、2.06～2.46 和 2.46～2.87，相应面积分别占研究区总面积的 35.50%、34.92%和19.93%。各孕灾环境分区等级具体情况可参见表 2.10。由表可知，研究区山洪灾害以低易发区和中易发区为主，两者面积总和占研究区总面积的 70.42%。

表 2.10　孕灾等级分区情况

参数	低易发区	中易发区	高易发区	危险区
赋值得分	1.11～2.06	2.06～2.46	2.46～2.87	2.87～3.82

续表

参数	低易发区	中易发区	高易发区	危险区
网格数量/个	9271	9118	5205	2520
面积/km²	92.71	91.18	52.05	25.20
占比/%	35.50	34.92	19.93	9.65

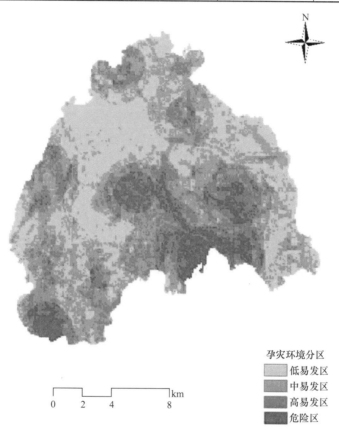

图 2.28　研究区山洪灾害孕灾环境分区图

第3章　山区公路洪灾致灾与危险性评价

危险性是表示致灾因子在复杂的孕灾环境中，对某一区域造成的破坏程度或该事件发生概率大小的物理量，通常用定性方法和定量方法来衡量危险性的属性及程度。危险性是灾害的自然属性，一般用于描述区域孕灾环境和致灾因子等自然环境的分布概率。公路洪灾危险性一般是指公路及其所在环境中一切事物遭受洪水损害的可能性大小。

危险性评价主要是从区域内在孕灾环境出发，考虑外在诱发因素对灾害形成及发展的影响。公路洪灾危险性评价与分区就是对公路所在区域发生洪灾的危险性进行分析和评定。多尺度公路洪灾危险性评价方法流程如图 3.1 所示。本章主要从格网、小流域以及镇域三个不同研究尺度进行公路洪灾危险性评价，进而探讨巴南区公路洪灾的危险等级与分布，以及不同研究尺度的适宜性。

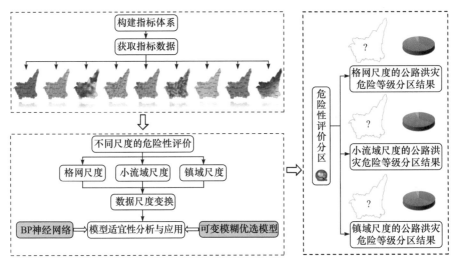

图 3.1　多尺度公路洪灾危险性评价方法流程

3.1　山区公路洪灾致灾因子分析

3.1.1　暴雨强度

暴雨强度指的是某地区降雨的集中强度，多指十分钟暴雨强度、一小时暴雨强度。暴雨强度越大，降雨对地表冲刷力越大，一定时间内降水量也就越大。高强度降雨为洪水的形成提供了水源条件，强有力的冲刷为不稳定的孕灾环境地区提供了动力条件，大量水源汇流聚集，加之冲刷地表后伴随洪水的不稳定碎屑物，极易形成山洪等地质灾害。暴雨对山洪等地质灾害的影响是直接的、严重的，因此许多学者在对洪水灾害风险评价分类研究时，暴雨因素是必备的一项指标因子。以地质灾害成因和分布等因素为出发点，分析研究兰州市山洪灾害与暴雨强度空间分布特征二者的关系，结果表明，兰州市汛期山洪灾害具有局地性强、成灾率高的特点，并且大多是由短时间内强降雨造成的。

对山区公路洪灾而言，暴雨因素是一项非常重要的致灾因子，主要采用十分钟暴雨强度，一般用每十分钟的降水量来表示，单位为 mm/10min。许多学者以暴雨为切入点，研究公路本身及其周围农田、民居等受灾机理。黄朝迎等(2000)基于暴雨洪水对公路交通影响的特点及类型构建了公路路基水毁长度与农田成灾面积的统计模型，并分析出公路水毁长度及农田成灾面积与暴雨强度大体成正比。

3.1.2 洪水频次

洪水频次是指在某个地区在一定时间内发生洪水的次数，多指一年内、十年内洪水发生的次数。洪水频次高，说明该地区是多雨、易集水区，其致灾性大，山区公路沿线洪水多发区也是公路洪灾严重的地段，洪水频繁发生，对附近山区公路造成了较大的威胁。洪水的暴发不仅为公路洪灾制造了大量水源条件，同时也激发触动了公路沿线部分不稳定孕灾环境，导致山体局部不稳、岩体被冲刷解体、松散堆积物被汇流外泄，从而伴随着崩塌、滑坡、泥石流等各种地质灾害，冲破山区公路沿线防护结构，对公路路面、路基造成难以避免的损坏。

公路周边洪水的发生虽不一定造成公路洪灾，但是高频率洪水暴发会对山区公路造成威胁，洪水频次越高，山区公路受到损坏的可能性就越大，并且一旦发生公路洪灾，其受到的损坏及损失不容小觑。因此，洪水与洪灾的相关性非常密切，基本呈正相关。吴素芬等(2003)以新疆流域洪水、洪灾为研究对象，分析其随时间变化趋势，结论中提到，从 1987 年开始，以西北地区气候变化过程为背景，洪水频次尤其是特大洪水、大洪水频次增加，与此同时出现的洪水灾害机会增多。

3.1.3 汇流累积量

汇流是产流水量在某一范围内的集中过程，汇流累积量表示产流水量集中到某一范围的多少，即用量化数值大小表示汇流量的多少。GIS 水文分析功能可以还原并模拟地表径流，以某地区等高线为基础数据建立不规则三角网(triangulated irregular network，TIN)及 DEM，通过计算水流方向从而得到各栅格汇流累积量。在本质上，汇流累积量的大小代表某栅格上游有多少个栅格的水流方向最终汇流经过此栅格，汇流累积量越大，说明流经该区的汇流越多，形成地表径流越容易。有径流的地方相对更容易发生洪水，当遇到强降雨等突发骤雨时，河道自身调节水流能力差，未及时排泄，导致水流外溢，极易形成洪水。因此，汇流累积量作为地表径流的数值标志，可在一定程度上反映地表水流的地理分布，同时汇流累积量大的地区可作为洪水易发区的标志。

山区公路沿线地形地貌复杂多样，山涧谷沟内小溪河众多，当遇到强降雨时汇流增多，常有河道缺乏调节能力而使水流大量聚集，当超过自身蓄水能力时，极易外泄暴发洪水，形成公路洪灾。汇流累积量可以用量化数值来表示地表径流量的多少，预示水流方向，汇流累积量大的地区容易发生洪灾，属于重要的一项致灾因子。田佳(2014)以重庆市安澜、圣灯山两镇主要公路为研究对象，对公路沿线进行小流域划分并分析流域特征，得出公路经过的小流域范围，并通过计算各小流域汇流累积量来反映其对公路的威胁程度。因此，在公路洪灾危险性评价方面，汇流累积量显得尤为重要。

公路洪灾是一个复杂的灾害系统，它的形成与发展受人类活动和自然环境等多种因素的共同影响。自然环境因素一般包括降雨因素、地形因素、水文因素、地质岩性因素等。通过对国内外现有研究资料的分析归纳，结合实际情况，对公路洪灾的主要影响因素总结如下。

1. 降雨因素

降雨是引发公路洪水灾害的直接因素和触发条件，公路洪灾的发生主要是由强降雨迅速汇集成较大的地表径流引起的，并且其与降水量、降雨强度及降雨历时有着密切的关系。一般情况下，降水量大意味着降雨强度大、激发力高，很容易产生洪水、泥石流和滑坡等灾害。

2. 地形因素

地形因素是公路洪灾形成的重要内在因素，地形条件影响洪水的产流与汇流，从而为洪水的发展提供动力条件。具体来说，地形的高低和起伏程度决定了汇流的时间和流量，在地势较高的陡坡区域，汇流时间短，具有水流速度大、冲刷力强等特点，当汇集水流通过地势较为平坦的过渡区域时，极易形成洪水灾害，对公路造成损坏。

3. 水文因素

水文主要反映下垫面的径流条件，通常情况下，河流、湖泊和水库等对降雨的再分布很大程度上决定了公路洪灾发生的可能性大小。河网的疏密程度反映了区域降雨和下垫面状况，河网越密集，形成洪水灾害越容易。同时，对于邻近水系的公路，距离水系越近，其遭受洪灾损毁的可能性就越大，危险性相应越高。

4. 地质岩性因素

公路沿线地质环境的优劣对公路洪灾的形成有很大的影响。地质岩性不同，其风化速度存在较大的差异，软弱岩层容易提供松散物质，在遇到强降雨的冲刷时容易发生地质灾害；岩性组合不同影响风化作用的强度和速度，软硬相间的岩性组合比岩性均一的岩石更容易受到风化，其侵蚀也更强烈，更有利于泥石流和滑坡的发生。

5. 植被因素

植被自身具有一定的蓄水保土防洪功能，植被的枝叶、落叶及根系对降水的遮拦、径流的截留以及吸收等作用都可以减缓强降雨对土壤的冲刷，减少汇流量，阻碍水土的流失。沿线上植被覆盖较少、植被生长较稀疏的公路，在遇到强降雨天气时，易形成洪峰，发生公路洪水灾害。

6. 公路工程自身因素

公路工程在选线筑造时，通常会考虑环境的影响，尽量避开易发生洪灾危险的区域。此外，公路自身的属性对公路洪灾的形成也有一定的影响。除了公路基础设施建造质量达标，相应的边坡加固工程、完善的排水系统和科学的管理制度都会减小公路受洪灾影响的可能性。一般而言，公路等级越高，其防护设施越完善，受洪灾损害的可能性相对越低。

7. 人类活动因素

人类一方面是公路洪灾的承灾体，另一方面又通过耕作活动和各项建设影响流域土地利用的变化，改变植被、地形、土壤和水系等面积及蓄水能力，从而影响孕灾环境状况，间接影响洪水流量及其变化。此外，人类的建设活动影响气候条件的变化，从而影响极端天气的产生，间接影响公路洪灾的发生。

3.2　山区公路洪灾致灾数据精细模拟

3.2.1　山区降水量时空分布精细模拟

空间降水主要受海陆位置、大气、地形、植被和人类活动等各项因素的影响。降水的间断性、不连续性以及雨量站点布设的局限，导致多数空间位置上降水数据无法精确获取。而精确细化的空间降水数据对区域水资源利用和旱涝灾害防治具有重要的现实意义。

在以往的相关研究中，大多侧重于年均降水量和日降水量的研究，而对于4～

9月和5~10月等半年降水量研究相对较少。巫山县农作物生长期主要集中在4~10月，通过查询资料可知，4~10月是巫山县降水较多的月份，也是最易发生洪涝灾害的月份，研究该时间段的降水情况，对该区域洪涝预警具有重要的意义。

长期以来，国内外对降水量插值方法已有大量的研究。解恒燕等(2018)对不同插值方法在暴雨和日降雨方面进行了对比分析；林孝松等(2015)在研究中发现，降水量在空间上具有明显的空间集聚现象；陈玲玲等(2014)采用传统水文学方法、确定性方法和地统计方法研究了滨江小流域的降水量空间分布特征；黄华平等(2017)在信息扩散理论的基础上建立了一种降雨空间插值方法；郭卫国等(2016)在研究中首次提出降雨空间集中度概念，分析降雨空间集中度与面平均雨量、插值误差的关系。郑鑫等(2017)在研究中针对常用空间插值方法对站点稀疏情况下日降雨插值精度不高的问题，在一种客观插值方法的基础上，考虑降雨概率及站点空间方位关系对日降雨插值结果的影响，使其能够应用于缺少资料地区的日降雨空间插值。蒋育昊等(2018)以北京西北山区为例，利用地理空间特征回归统计模型(parameter-elevation regression on independent slopes model，PRISM模型)、DEM和山地自动气象站点数据等，综合考虑海拔、坡向、距离等多种影响因子，对降水量进行了空间插值研究，并使用开源栅格空间数据转换库(geospatial data abstraction library，GDAL)输出含有地理信息的降雨分布图。

贾薛等(2017)在研究中以浏阳河流域为例，结合GIS技术，在传统空间插值方法的基础上，考虑高程因素的影响，改进原有的插值方法，并采用统一的交叉验证方法和精度验证模型对插值结果进行验证比较。蒲阳等(2018)采用反距离加权、张力样条函数、局部多项式、ANUDEM等四种插值方法，从差值平均误差、中误差角度对四川省南充市大雨、中雨、小雨条件下不同空间插值方法模拟降雨的差异进行了对比分析。李金洁等(2019)以西南地区1996~2000年93个气象台站观测的月均降水量为基础，对各月降水量进行空间自相关性和变异特征等空间分析后，采用反距离权重法和以不同变异函数模型(指数模型、球面模型、高斯模型)为基础的普通克里金法两种方法进行空间插值，通过交叉验证结果对两种方法进行对比分析。牟凤云等(2020a)利用机器学习算法RF模型、K-means模型与ARMA模型，对巫山县范围内12369条径流河段进行分类预测，研究水文参数在时间序列上的变化规律，探究降雨-径流演变规律，并结合GIS空间可视化技术，综合研究区地理环境，基于RF模型预测洪水致灾范围，分析洪水灾害预测结果的空间特征。

基于以上分析，本节研究拟采用7种空间插值方法和3个精度检验指标探讨巫山县4~10月月值降水量最优插值方法，在此基础上分析巫山县水资源情况，以期为巫山县水资源利用和洪水灾害预警提供一定的理论依据。

1. 研究区与数据来源

1) 研究区概况

巫山县位于渝东北地区，地处三峡库区腹心，跨长江巫峡两岸，东邻湖北巴东县，南界湖北建始县，西抵奉节县，北依巫溪县。巫山县位于东经 109°33′～110°11′，北纬 30°45′～23°28′，辖区面积为 2958km²。大巴山、巫山、七曜山三大山脉交汇于巫山县内，区内高程起伏大，为 63～2713m，为典型的喀斯特地貌区。区内气候属亚热带季风性湿润气候，立体气候特征明显，气候温和，雨量充沛，1981～2010 年 4～10 月月均降水量分别为 87.2mm、136.4mm、155.1mm、178.1mm、132.3mm、107.6mm、93mm。

以巫山县为研究范围，根据巫山县 2015～2017 年 58 个雨量站点 4～10 月降水数据，利用 GIS 技术，对巫山县 4～10 月月值降水量进行空间插值研究。通过研究巫山县 4～10 月适宜的插值方法，分析巫山县降水情况，可为巫山县水资源利用和洪灾预警提供一定的参考。

2) 研究数据

2015～2017 年巫山县区域雨量站点信息来自重庆市气象局，根据巫山县 2015～2017 年 58 个雨量站点 4～10 月每小时降水量资料，计算 4～10 月降水量，以此得到巫山县各站点三年年均 4～10 月降水量。巫山县 30m 分辨率 DEM 数据来自地理空间数据云。巫山县雨量站点分布如图 3.2 所示。

2. 研究方法

1) 插值方法

(1) 普通克里金法。普通克里金法利用半变异函数度量预测的确定性和准确性，从而得到最佳权重系数，以此求得最优估计值。最佳权重系数取决于变异函数模型的选择，本节选择球形函数模型，在选择邻近点时选用邻近的 12 个雨量站点。预测值计算公式为

$$Z'(x_i) = \sum_{i=1}^{n} \lambda_i Z(x_i) \tag{3.1}$$

式中，$Z'(x_i)$——x_i 处的预测值；

$\quad\quad Z(x_i)$——x_i 处的实测值；

$\quad\quad n$——预测过程中预测点周围样本点的数量；

$\quad\quad \lambda_i$——权系数。

(2) 反距离权重法。反距离权重(inverse distance weighted，IDW)法核心为利用点间距离倒数求反比，是一种确定性插值方法，其近似原理是空间中两点位置距离越远，空间差异性越大，在选择邻近点时选用邻近的 12 个雨量站点。该方法

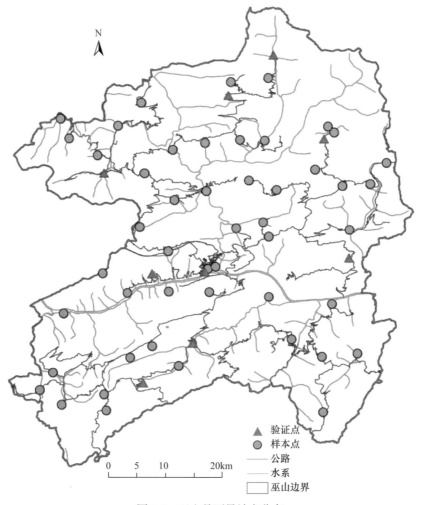

图 3.2　巫山县雨量站点分布

受极值点或数据集群的影响，插值结果容易出现孤立点数据。其内插公式为

$$Z'(x_i) = \frac{\sum_{i=1}^{n} \frac{1}{D_i^p} Z(x_i)}{\sum_{i=1}^{n} \frac{1}{D_i^p}} \tag{3.2}$$

式中，$Z'(x_i)$——x_i 处的预测值；

　　　　$Z(x_i)$——x_i 处的实测值；

　　　　D_i——距离；

　　　　p——距离的幂，显著影响内插结果。

(3) 样条函数法。样条函数法通过多项式拟合样本点数据来产生平滑插值曲线，使用可最小化整体表面曲率的数学函数估计值，以生成恰好经过输入点的平滑表面。该方法保留局部地形的细部特征，获得连续光滑的拟合曲面，具有较好的保凸性、逼真性和平滑性。本书选用规则样条函数法，在选择邻近点时选用邻近的 12 个雨量站点。

(4) 趋势面法。趋势面法采用多项式回归方法得到适合地理要素空间分布规律的曲面平滑程度，再根据该曲面方程计算待估点属性值。本书选用三阶趋势面。

(5) 经验贝叶斯克里金法。经验贝叶斯克里金(empirical Bayesian Kriging，EBK)法是一种地统计插值方法，可自动执行构建有效克里金模型过程中最困难的步骤。该方法需要极少的交互式建模，预测的标准误差比其他克里金方法更准确，可准确预测一般程度上不稳定的数据。

(6) 协同克里金法。协同克里金(coordination Kriging，CK)法使用多种变量类型的信息，可利用主要变量 Z 的自相关性和主要变量与所有其他变量类型 M 间的互相关性进行更好的预测。本书在降水量的研究中引入了高程和坡向因子，形成高程协同克里金(elevation coordination Kriging，ECK)法和坡向协同克里金(aspect coordination Kriging，ACK)法。修正公式如下：

$$Z'(x_i) = \frac{1}{2n(h)} \sum_{i=1}^{n(h)} \left[Z(x_i) - Z(x_i+h) \right] \left[M(x_i) - M(x_i+h) \right] \tag{3.3}$$

式中，$Z'(x_i)$——x_i 处的预测值；

$Z(x_i)$——x_i 处的实测值；

$n(h)$——距离间隔 h 内的样本数目。

2) 插值检验方法

采用交叉验证法对降水量空间插值结果进行精度检验。在验证精度时，利用 ArcGIS 软件工具，从 58 个原始雨量站点中随机抽取 49 个站点数据作为样本点进行训练插值，剩余 9 个站点数据作为验证点进行精度验证。采用绝对误差标准差(absolute error standard deviation，AESD)、平均标准误差(mean standardized error，MSE)和均方根误差(root mean square error，RMSE)作为评估插值效果的标准，其表达式分别表示为

$$\text{AESD} = \sqrt{\frac{1}{N}\sum_{i=1}^{N}\left[\left|Z(x_i)-Z'(x_i)\right|-K\right]^2}, \quad K = \frac{1}{N}\sum_{i=1}^{N}\left|Z(x_i)-Z'(x_i)\right| \tag{3.4}$$

$$\text{MSE} = \frac{1}{N}\sum_{i=1}^{N}\left[Z_1(x_i)-Z_2(x_i)\right] \tag{3.5}$$

$$\text{RMSE} = \sqrt{\frac{1}{N} \sum_{i=1}^{N} \left[Z(x_i) - Z'(x_i) \right]^2} \tag{3.6}$$

式中，$Z(x_i)$——验证点实测值；

　　　　$Z'(x_i)$——验证点预测值；

　　　　$Z_1(x_i)$——实测值标准化值；

　　　　$Z_2(x_i)$——预测值标准化值，标准化采用极差标准化。

插值检验方法精度判断标准如下：

(1) 绝对误差标准差越小，离散程度越小，插值效果越好。

(2) 平均标准误差的绝对值越接近于 0，插值检验方法精度越高。

(3) 均方根误差越小，插值方法效果越好。

3. 结果分析

1) 插值方法比较分析

采用上述 7 种插值方法，分别对巫山县 4～10 月各雨量站点实测数据进行空间插值，插值结果误差如表 3.1 所示。

表 3.1　不同插值方法误差统计

月份	参数	普通克里金法	IDW 法	样条函数法	趋势面法	EBK 法	ECK 法	ACK 法	平均误差
4 月	AESD	10.594	10.295	12.110	13.516	10.572	10.789	10.626	11.215
	MSE	0.051	−0.053	−0.095	0.046	0.024	−0.017	−0.012	−0.008
	RMSE	19.182	17.972	22.034	21.448	19.097	18.534	18.433	19.529
5 月	AESD	9.843	11.102	15.148	9.873	9.438	9.181	8.854	10.491
	MSE	−0.032	−0.105	−0.031	−0.009	−0.030	−0.034	0.024	−0.031
	RMSE	21.184	23.554	28.624	20.755	20.173	23.047	22.173	22.787
6 月	AESD	9.692	8.007	10.238	13.676	7.534	6.896	10.183	9.461
	MSE	−0.058	−0.068	−0.171	0.015	−0.070	−0.080	−0.177	−0.087
	RMSE	15.510	16.622	22.233	23.523	14.967	15.536	17.515	17.987
7 月	AESD	14.625	15.634	17.396	11.243	13.736	13.857	17.626	14.874
	MSE	−0.051	−0.073	−0.080	0.066	−0.072	−0.101	−0.020	−0.047
	RMSE	27.052	29.449	24.407	22.320	26.340	25.620	30.523	26.530
8 月	AESD	10.374	11.546	12.567	11.169	11.035	10.602	11.696	11.284
	MSE	−0.105	−0.068	−0.103	−0.033	−0.130	−0.113	−0.117	−0.095
	RMSE	16.142	19.194	28.721	19.971	16.421	17.228	16.693	19.196
9 月	AESD	15.039	21.221	32.097	19.000	14.555	16.899	14.758	19.081
	MSE	−0.185	−0.221	−0.221	−0.025	−0.181	−0.216	−0.224	−0.182
	RMSE	23.849	30.845	44.469	30.946	23.397	24.082	22.506	28.585

续表

月份	参数	普通克里金法	IDW 法	样条函数法	趋势面法	EBK 法	ECK 法	ACK 法	平均误差
10 月	AESD	14.528	20.456	36.798	21.206	20.140	21.934	23.141	22.600
	MSE	0.056	0.076	−0.067	0.166	0.042	0.042	0.055	0.053
	RMSE	20.557	27.149	47.376	28.296	26.278	28.504	30.455	29.802
月值平均误差	AESD	12.099	14.037	19.479	14.240	12.430	12.880	13.841	—
	MSE	−0.046	−0.073	−0.110	0.032	−0.060	−0.074	−0.067	—
	RMSE	20.497	23.541	31.123	23.894	20.953	21.793	22.614	—

通过交叉验证对 7 种插值方法的绝对误差标准差、平均标准误差和均方根误差进行对比分析，结果如图 3.3 所示(为便于观察，图 3.3(b)中 MSE 取绝对值)。

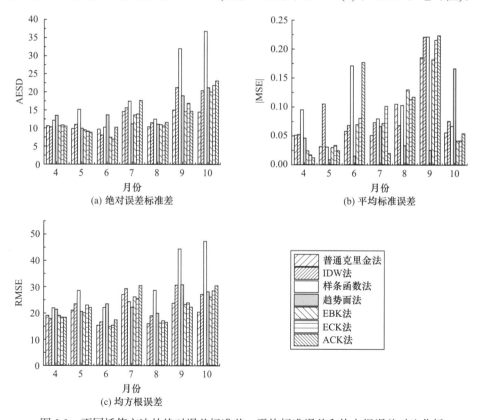

图 3.3　不同插值方法的绝对误差标准差、平均标准误差和均方根误差对比分析

由图 3.3 可以看出，绝对误差标准差和均方根误差走势大致相同，且在 9 月和 10 月两个月份中样条函数法误差异常突出，3 个精度检验指标均表明样条函数

法在巫山县降水量插值模拟中效果最差。通过分析数据发现，在 9 月和 10 月，各检验点间降水量波动起伏大，表明在样本数据波动较大的情况下不应采用样条函数法进行空间插值模拟。平均标准误差所呈现的结果无明显规律。

据统计，从月值平均误差方面考虑，对同种插值方法而言，不同月份降水量精度不同。从整体来看，绝对误差标准差和均方根误差均显示普通克里金法插值效果最优，而平均标准误差显示趋势面法插值效果更好。通过综合分析，7 种插值方法精度排序为普通克里金法＞EBK 法＞ECK 法＞ACK 法＞趋势面法＞IDW法＞样条函数法。

从不同插值方法的平均误差来看，4 月降水量的平均标准误差最接近于 0，6月降水量的绝对误差标准差和均方根误差均最小，综合来看，6 月降水插值效果最好，精度最高。

对于不同月份，不同插值方法的精度不同。对 4 月降水量而言，IDW 法的绝对误差标准差最小，ACK 法测得的 4 月降水量平均标准误差最接近于 0，IDW 法的均方根误差最小。对 5 月降水量而言，ACK 法的绝对误差标准差最小，趋势面法测得的 5 月降水量平均标准误差最接近于 0，EBK 法的均方根误差最小。对 6月降水量而言，ECK 法的绝对误差标准差最小，趋势面法测得的 6 月降水量平均标准误差最接近于 0，EBK 法的均方根误差最小。对 7 月降水量而言，趋势面法的绝对误差标准差最小，ACK 法测得的 7 月降水量平均标准误差最接近于 0，趋势面法的均方根误差最小。对 8 月降水量而言，普通克里金法的绝对误差标准差最小，趋势面法测得的 8 月降水量平均标准误差最接近于 0，普通克里金法的均方根误差最小。对 9 月降水量而言，EBK 法的绝对误差标准差最小，趋势面法测得的 9 月降水量平均标准误差最接近于 0，ACK 法的均方根误差最小。对 10 月降水量而言，普通克里金法的绝对误差标准差最小，EBK 法和 ECK 法测得的 10月降水量平均标准误差最接近于 0，普通克里金法的均方根误差最小。

综合而言，4 月和 9 月降水量插值效果最好的是 ACK 法，5 月和 6 月降水量插值效果最好的是 EBK 法，7 月降水量插值效果最好的是趋势面法，8 月和 10月降水量插值效果最好的是普通克里金法。

2）插值结果应用分析

根据上述结果，选用每月最优插值方法对各月降水量进行插值，模拟整个巫山县 4～10 月月值降水情况，结果如图 3.4 所示。通过对各月总降水量进行分析，结合自然断点法，将各月降水量划分为 5 个等级。其中，降水量小于 100mm为第一级，在该等级中，降水量最少，发生洪灾的风险最小；降水量在 100～150mm 为第二级；降水量在 150～200mm 为第三级；降水量在 200～250mm为第四级；降水量大于 250mm 为第五级，在该等级中，降水量最大，发生洪灾的风险最高。

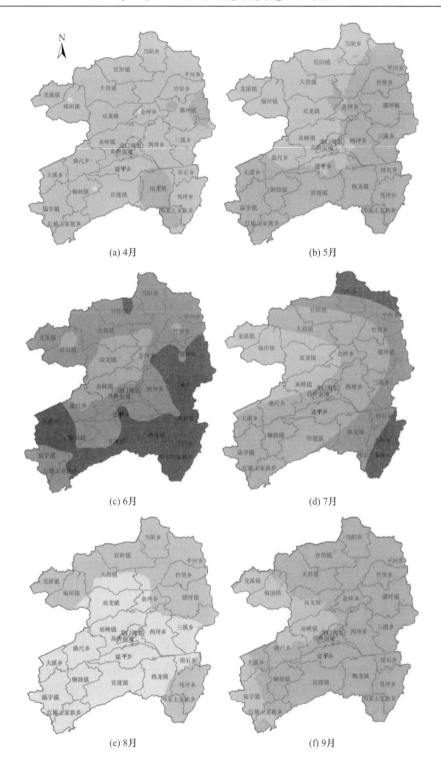

(a) 4月

(b) 5月

(c) 6月

(d) 7月

(e) 8月

(f) 9月

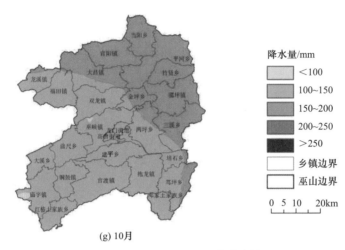

(g) 10月

图3.4　巫山县4～10月月值降水情况

由图3.4可知，巫山县4～10月降水情况差距大。4月降水主要处于第二级，第一级降水呈点状分布在福田镇、金坪乡、巫峡镇、铜鼓镇以及大昌镇，东南部和东部小部分地区降水呈团状分布处于第三级，仅抱龙镇中部地区降水呈点状分布达到第四级；5月降水主要处于第二级和第三级，各等级降水分布集中，但在分级界限处出现明显破碎现象；6月和7月降水跨度大，最易引发洪水灾害的第五级降水仅存在于这两个月，尽管7月降水量最多，但6月降水中第五级降水分布范围更广，可能引发洪灾的风险范围更大；8月降水量最少，第一级降水呈片状大面积分布于巫山县中部及西南地区；9月降水主要处于第三级，仅西部及西南小部分地区处于第二级，而官阳镇、竹贤乡和骡坪镇中均存在点状分布的第四级降水区域；10月降水主要处于第二级和第三级，且分布集中，仅巫峡镇存在点状分布的第一级降水区域。

整体而言，6月和7月降水较多，第五级降水也仅存在于这两个月中，因此这两个月极易发生洪水灾害。但这两个月中高等级降水情况空间分布差距较大，6月第五级降水主要分布在巫山县西南、东南、东部以及官阳镇北部小部分地区，而7月第五级降水主要分布在巫山县东南和东北部分地区，这些区域引发洪水灾害的风险性更高。

利用最优插值方法得到巫山县各月降水情况，汇总得到巫山县4～10月总降水量，根据自然断点法将其划分为5个等级，如图3.5所示。

由图3.5可知，巫山县4～10月总降水量呈西部向东部地区递增趋势，其分布特征受6月和7月降水影响较大，空间差异明显。水资源总量是指研究区内降水形成的地表和地下产水量，根据2016年重庆市水资源公报得到重庆市平均产水系数为0.59，将4～10月巫山县水资源总量折合径流深480～859mm，2016年重

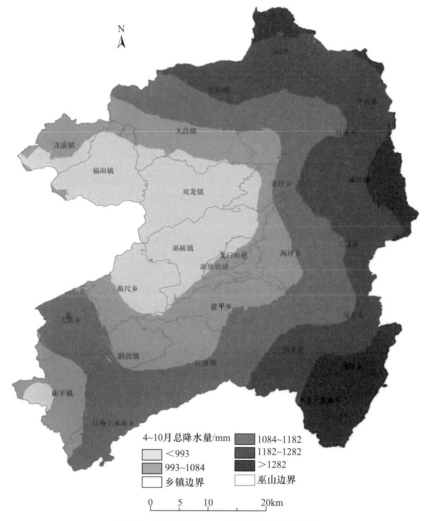

图 3.5　巫山县 4～10 月总降水量分布图

庆全市水资源总量折合径流深为 734mm，对比发现巫山县东南地区以及东北行政交界地带水资源总量折合径流深高于全市水平，其面积占全县总面积的 18.58%，说明该区域水资源丰沛。与巫山县土地利用现状对比发现，林地覆盖较大的地区降水量较多，西北地区耕地较多，但降水资源较少。

4. 小结

本节根据巫山县雨量站点实测数据，确定了巫山县 4～10 月最优插值方法，结合各月最优插值结果，汇总得到巫山县该时期内总降水量，并分析了其水资源现状。结果表明，巫山县各月最优插值方法不同，其中 6 月降水插值结果精度最高,样条函数法不适用于样本间数据波动较大的情况,降水量空间分布差异明显,东南及东北地区水资源丰沛,研究结果与实际情况较符合,具体结论如下:

(1) 从月份层面来看,6 月降水插值效果最好,精度最高。

(2) 从方法层面来看,7 种插值方法精度排序为普通克里金法＞EBK 法＞ECK 法＞ACK 法＞趋势面法＞IDW 法＞样条函数法。

(3) 对于同一月份降水量数据,不同插值方法的结果精度不同,对于不同月份降水数据,插值效果最好的插值方法不同,4 月和 9 月降水量插值效果最好的是 ACK 法,5 月和 6 月降水量插值效果最好的是 EBK 法,7 月降水量插值效果最好的是趋势面法,8 月和 10 月降水量插值效果最好的是普通克里金法。

(4) 巫山县 4～10 月总降水量从西部向东部递增,6 月和 7 月降水最多,发生洪灾的概率相对较大,最容易引发洪灾危险的第五级降水主要分布在巫山县西南、东南和东北部地区。

本节主要通过 7 种插值方法和 3 个精度检验指标从月尺度和乡镇尺度探讨巫山县 4～10 月降水量最优插值方法,今后须考虑日尺度和行政村尺度的降水情况,结合公路网等数据,加强研究区洪水灾害风险研究,减轻洪水灾害的影响,促进山区社会经济的发展。

3.2.2　山区暴雨-径流多情景模拟

1. 暴雨

1) 暴雨定义

暴雨指的是降水强度很大的雨。一般指每小时降水量达 16mm 以上,或连续 12h 降水量达 30mm 以上,或连续 24h 降水量达 50mm 以上的降水。

《降水量等级》(GB/T 28592—2012)规定,24h 降水量为 50.0～99.9mm 的雨称为"暴雨";24h 降水量为 100.0～249.9mm 的雨称为"大暴雨";24h 降水量为 250.0mm 以上的雨称为"特大暴雨"。

2) 暴雨形成

暴雨形成的过程是相当复杂的,一般从宏观物理条件来看,产生暴雨的主要物理条件是充足的、源源不断的水汽,强盛而持久的气流上升运动和大气层结构的不稳定。大中小各种尺度的天气系统和下垫面特别是地形的有利组合可产生暴雨。暴雨常常是从积雨云中落下的。形成积雨云的条件是大气中应含有充足的水汽,并有强烈的上升运动,将水汽迅速向上输送,云内的水滴受上升运动的影响不断增大,直至上升气流托不住,急剧地降落到地面。

大气的运动和流水一样,常产生波动或涡旋。当两股来自不同方向或不同的温度、湿度的气流相遇时,就会产生波动或涡旋,大的可达几千千米,小的仅有几千米。在这些有波动的地区,常伴随气流运行出现上升运动,并产生水平方向的水汽迅速向同一地区集中的现象,形成暴雨中心。

另外,地形对暴雨形成和雨量大小也有影响。暴雨产生时,一般低层空气暖而湿,上层空气干而冷,致使大气层处于极不稳定的状态,有利于大气中能量释放,促使积雨云充分发展。

3) 季节与分布

我国冬季暴雨多出现在华南沿海,4~6 月华南地区暴雨频频发生;6~7 月长江中下游常有持续性暴雨出现,历时长、面积广、降水量也大;7~8 月是北方各省的主要暴雨季节,暴雨强度很大;8~10 月雨带逐渐南撤。夏秋之后,东海和南海台风暴雨十分活跃,且雨量大。

我国属于季风气候,从晚春到盛夏,北方冷空气且战且退。冷暖空气频繁交汇,形成一场场暴雨。我国主要雨带位置亦随季节由南向北推移。华南地区是我国暴雨出现最多的地区,从 4 月至 10 月都是雨季,6 月下半旬到 7 月上半旬通常为长江流域的梅雨期暴雨。7 月下旬雨带移至黄河以北,9 月以后冬季风建立,雨带随之南撤。受夏季风的影响,我国暴雨日及雨量的分布从东南向西北内陆减少,山地多于平原,而且东南沿海岛屿与沿海地区暴雨日最多,越向西北越少。在西北高原,每年平均只有不到一天的暴雨。太行山、大别山、南岭、武夷山等东南面或东面的坡地,都是这些地区暴雨日的中心。

2. 径流

1) 径流定义

流域的降水,由地面与地下汇入河网,流出流域出口断面的水流称为径流。液态降水形成降雨-径流,固态降水形成冰雪融水径流。降水的形式不同,径流的形成过程也各异。我国的河流以降雨-径流为主,冰雪融水径流只在西部高山及高纬地区河流的局部地段发生。根据形成过程及径流途径不同,河川径流可分为地面径流、地下径流和壤中流(表层流)。

径流是因大气降水形成的,并通过流域内不同路径进入河流、湖泊或海洋的水流,习惯上也表示一定时段内通过河流某一断面的水量,即径流量。

2) 径流类型

按水流来源,径流分为降雨-径流和融水径流;按流动方式,径流可分为地表径流和地下径流,地表径流又可分为坡面流和河槽流。此外,还有水流中含有固体物质(泥沙)形成的固体径流、水流中含有化学溶解物质构成的离子径流等。

3) 径流形成

从降雨到达地面至水流汇集、流经流域出口断面的整个过程,称为径流形成过程。

径流的形成是一个极为复杂的过程，为了在概念上有一定的认识，可将其概化为两个阶段，即产流阶段和汇流阶段。

(1) 产流阶段。当降雨满足植物截留、洼地蓄水和表层土壤储存时，后续降雨强度超过下渗强度，其超过下渗强度的雨量降到地面以后，开始沿地表坡面流动，称为坡面漫流，是产流的开始。若雨量继续增大，则漫流的范围增大，形成全面漫流，超渗雨沿坡面流动注入河槽称为坡面径流，地面漫流的过程即为产流阶段。

(2) 汇流阶段。降雨产生的径流汇集到附近河网后，又从上游流向下游，最后全部流经流域出口断面，称为河网汇流，河网汇流的过程即为汇流阶段。

4) 径流影响因素

(1) 气候因素。气候是影响河川径流最基本和最重要的因素。气候要素中的降水和蒸发直接影响河川径流的形成和变化。在降水方面，降水形式、降水总量、降水强度、降水过程以及降水在空间上的分布，都会影响河川径流的变化。例如，降水量越大，河川径流就越大；降水强度越大，短时间内形成洪水的可能性就越大。在蒸发方面，蒸发主要受制于空气饱和差和风速，空气饱和差越大，风速越大，蒸发越强烈。气候的其他要素如温度、风、湿度等往往也通过降水和蒸发影响河川径流。

(2) 流域的下垫面因素。下垫面因素主要包括地貌、地质、植被、湖泊和沼泽等。地貌中山地高程和坡向影响降水量，如迎风坡多雨、背风坡少雨等。坡地影响流域内汇流和下渗，如山溪的水容易陡涨陡落。流域内地质和土壤条件往往决定流域的下渗、蒸发和地下最大蓄水量。例如，在断层、节理和裂缝发育的地区，地下水丰富，河川径流受地下水的影响较大。植被，特别是森林植被，可以起到蓄水、保水、保土的作用，削减洪峰流量，增加枯水流量，使河川径流的年内分配趋于均匀。

(3) 人类活动。人类活动会影响径流。通过人工降雨、人工融化冰雪、跨流域调水，可以增加河川径流量；通过植树造林、修筑梯田、筑沟开渠，可以调节径流变化；通过修筑水库和实施蓄洪、分洪、泄洪等工程，可以改变径流的时间和空间分布。

径流是地球表面水循环过程中的重要环节，它的化学特性和物理特性对地理环境及生态系统有重要的作用。

5) 研究意义

径流是地貌形成的外营力之一，并参与地壳中的地球化学过程，它还影响土壤的发育、植物的生长，以及湖泊、沼泽的形成等。径流量是构成地区工农业供水的重要条件，也是地区社会经济发展规模的制约因素。人工控制和调节天然径流的能力，密切关系到工农业生产和人们生活是否受洪水和干旱的威胁。因此，径流的测量、计算、预报等工作，都是水利建设的重要任务。

3. 暴雨径流

暴雨径流是暴雨产生的水流，包含坡面流和河槽流。暴雨径流历时短而强度大，因此成为陆地水文学研究中比较核心的问题。估算其大小的标准一般采用重现期或频率概念，如百年一遇、千年一遇等。20 世纪 60 年代末期提出最大可能降雨的概念。影响暴雨径流的主要气象因素为暴雨强度、覆盖面积和历时长短；主要下垫面因素为流域土壤前期含水量、流域坡度、流域形状、流域大小和流域内植被情况。影响暴雨径流的因素较复杂，且整个暴雨径流过程是暴雨因素和流域自然地理条件综合作用的过程，用一个数学模式来描述一个复杂过程是非常困难的，因此常对暴雨径流形成过程进行某些概化，提出有一定物理意义的数学模型。本节主要采用由美国农业部水土保持局(soil conservation service，SCS)基于经验提出的 SCS 模型进行暴雨径流模拟。

山区降雨会诱发洪水、泥石流和滑坡等灾害，对社会经济造成严重损失，给交通运输等行业的运行和发展带来一定的威胁。暴雨洪灾涉及范围广，持续时间长，造成的后果严重，是主要且发生频率较高的自然灾害之一。强降雨降落迅速汇聚，形成强大的地表径流，可导致洪灾发生，更是公路洪灾导致公路中断的直接原因。模拟不同降雨情景下的径流分布有助于宏观掌握区域径流量，指导径流人工调控，为山区洪灾防灾预警及应急管理提供依据，推动社会-经济-生态可持续发展。

SCS 模型结构简单，使用方便，易于应用于少资料地区。SCS 模型在我国的应用研究中取得了很大的进展，主要集中在中小流域径流模拟、洪灾模拟与预警，以及重要参数径流曲线数(curve number，CN)和初损率λ率定等方面。张兴奇等(2017)以贵州省毕节市石桥小流域为研究对象，利用 SCS 模型进行了坡面产流模拟；董文涛等(2012)应用 SCS 模型对巢湖流域降雨径流过程进行了模拟；权瑞松(2018)采用 SCS 模型探究了 2000～2030 年上海市降水-径流变化与土地利用结构变化关系；焦胜等(2018)运用 ArcGIS 和 SCS 模型模拟了极端降雨的雨洪淹没区；黄清雨等(2016)使用修正的 SCS 模型进行了城市暴雨内涝危险性模拟；邓景成等(2018)应用穷举法对杨青川流域 SCS 模型的初损率λ和径流曲线数 CN 进行了率定；熊昱等(2017)基于可变源区理论对径流曲线数模型(soil conservation service-curve number，SCS-CN)进行了改进。

SCS 模型的建立基于水平衡方程以及两个基本假设：①比例相等假设；②初损量与当时可能最大滞留量关系假设。降雨过程总的水平衡方程可表示为

$$P = I_a + F + Q \tag{3.7}$$

式中，P——流域总降水量，mm；

I_a——流域产流前初损量，mm；

F——产流期总损失量，mm；

Q——地表径流量，mm。

(1) 比例相等假设。比例相等假设(线性假设)是指地表径流量 Q 与流域总降水量 P、流域产流前初损量 I_a 两者间差值的比值同产流期总损失量 F 和当时可能最大滞留量 S 比值相同，即

$$\frac{Q}{P-I_a}=\frac{F}{S} \tag{3.8}$$

式中，S——当时可能最大滞留量，mm。

(2) 初损量与当时可能最大滞留量关系假设。

$$I_a=\lambda S \tag{3.9}$$

式中，λ——区域参数，主要取决于地理和气候因子。

大量研究证实，λ取值为 0.095~0.38，因此美国农业部水土保持局取其平均值 0.2。

从式(3.7)和式(3.8)中消去参数 F，并代入式(3.9)，可得 SCS 模型的经典计算公式：

$$Q=\frac{(P-\lambda S)^2}{P+(1-\lambda)S} \tag{3.10}$$

当时可能最大滞留量 S 用无量纲系数 CN 来表示($0 \leqslant CN \leqslant 100$)。

区域参数λ是 SCS 模型的一个重要参数，模型研究者将标准值$\lambda=0.2$ 作为模型的参数值，将其代入式(3.10)，求解 Q 得到常用的径流方程为

$$\begin{cases} Q=\dfrac{(P-0.2S)^2}{P+0.8S}, & P \geqslant 0.2S \\ Q=0, & P<0.2S \end{cases} \tag{3.11}$$

在水文学中，CN 用于确定有多少降水渗透到土壤或一个含水层中，以及有多少降水变为表面径流。可以说，CN 是有关土地利用和水文土壤的一个函数。

由式(3.11)可以看出，径流量取决于流域总降水量 P 与降雨前的当时可能最大滞留量 S，而 S 又与集水区的土壤质地、土地利用方式和降雨前的土壤湿润状况等流域特征有关，且 S 的变化幅度很大，不便于取值。因此，SCS 模型通过一个经验性的、综合反映降雨前流域特征的无因次参数 CN，即曲线数来推求 S，即

$$S = \frac{25400}{CN} - 254 \qquad (3.12)$$

由式(3.12)可知，CN 越大，S 越小，越易产生径流。决定 CN 的主要因素为土壤前期湿度、土壤类型和土地利用方式，同时坡度也对 CN 有一定的影响。大的 CN 意味着大径流量和小渗透量；相反，小的 CN 意味着小径流量和大渗透量。

CN 的影响因素和确定方法：理论上，CN 的取值介于 0～100，但在实际环境条件下，CN 小于 30 的情况不可能发生，同样 CN 大于 100 也不可能出现。因此，CN 通常只在 30～100 变化。

CN 的确定分为以下三个步骤。

(1) 根据土壤水分的最小渗透率和土壤质地可将土壤划分为 A、B、C、D 四类水文土壤，进而确定研究流域内水文土壤组属性，并由此确定 CN，其各类土壤的主要特性如下：①A 类，为潜在径流量很低的一类土壤，这类土壤主要是一些具有良好排水性能的砂土或砾石土，土壤在水分完全饱和的情况下仍具有很高的入渗速率和导水率；②B 类，主要为渗透性较强的壤土，其在土壤剖面一定深度具有一层弱不透水层，土壤在水分完全饱和的情况下仍然具有较高的入渗速率和导水率；③C 类，为中等透水性土壤，主要是砂黏壤土，其虽为砂性土，但在土壤剖面一定部位存在一层不透水层，土壤在水分完全饱和的情况下仍具有一定的入渗速率和导水率；④D 类，为透水性很弱的土壤，主要为黏土或重黏土，土壤在水分完全饱和的情况下，其入渗速率和导水率很低。SCS 模型中土壤分类情况如表 3.2 所示。

表 3.2　SCS 模型中土壤分类情况

土壤分类	最小下渗率/(mm/h)	土壤质地
A	>7.26	砂土、壤质砂土、砂质壤土
B	3.81～7.26	壤土、粉砂壤土
C	1.27～3.81	砂黏壤土
D	0.00～1.27	黏壤土、粉砂黏壤土、砂黏土、粉砂壤土、黏土

(2) 在利用 SCS 模型计算径流量时，前期土壤干旱与湿润对集水区的产流所作的贡献是不同的，因此要考虑前期降水对径流的影响。考虑所研究流域土壤前期湿度条件，并参照前期土壤湿润程度(antecedent moisture condition，AMC)三级划分指标来客观定义土壤前期湿度。AMC Ⅰ表示土壤干旱，但未达到植物萎蔫点，有良好的耕作及耕种；AMC Ⅱ表示发生洪泛时的平均情况，即许多流域洪水出现前夕的土壤水分平均状况；AMC Ⅲ表示暴雨前 5 天内有

大雨或小雨和低温出现，土壤水分几乎呈饱和状态。土壤前期湿润程度等级划分如表 3.3 所示。

表 3.3　土壤前期湿润程度等级划分　　　　　(单位：mm)

AMC	暴雨前 5 天内降水量	
	生长期	休止期
I	< 13	> 28
II	13～28	36～53
III	> 28	> 53

(3) 综合研究流域土地利用方式、水文土壤组特征和前期湿度条件，在由美国农业部水土保持局提出的 CN 表中查找并确定适用所研究流域的 CN。若 AMC II 的 CN 已知，则 AMC I 和 AMC III 相应的 CN 可以根据以下公式计算得到：

$$CN_I = 4.2CN_{II} / (10 - 0.058CN_{II}) \tag{3.13}$$

$$CN_{III} = 23CN_{II} / (10 + 0.13CN_{II}) \tag{3.14}$$

4. 基于 SCS 模型的巫山县降雨-径流多情景模拟实例

为加强山区暴雨径流洪水灾害防治，提升灾害应急管理能力，利用 GIS 技术，基于 SCS 模型，从重庆市巫山县整体、乡镇及公路等不同空间尺度，按照 24h 降水量分别为 50mm、75mm、100mm、125mm、150mm、175mm、200mm、250mm 进行降雨-径流多情景模拟，以获取不同降雨情景下研究区空间分布式径流数据和径流总量。利用 GIS 技术确定巫山县 CN 矩阵及公路沿线径流量的空间分布，可为研究区降雨洪水灾害防灾预警及应急管理提供重要依据，为全国其他地区的径流洪水灾害防治提供借鉴。

1) 研究区与研究数据

巫山县位于重庆市东北部，东经 109°33′～110°11′、北纬 30°45′～23°28′，辖区面积为 2958km²，辖 24 个乡镇、2 个街道；深谷和中低山相间，地形起伏大，坡度陡，是典型的喀斯特地貌地区；属亚热带季风性湿润气候，气候温和，雨量充沛，年均温度 18.4℃，年均降水量 1041mm，6 月、7 月、8 月月均降水量依次为 155.1mm、178.1mm、132.3mm。2016 年 6 月 24 日，巫山县普降大暴雨，官渡镇、抱龙镇、邓家土家族乡等 8 个乡镇达到特大暴雨，最高降水量超过 230mm，暴雨洪灾情况严重。

研究数据主要包括巫山县行政区划图、土地利用类型图、土壤类型图、公路网数据。2016 年行政区划和公路网数据(图 3.6)分别来自巫山县民政局和公路局；2015 年巫山县土地利用类型图(图 3.7)来源于重庆市巫山县国土资源和房屋管理局；土壤类型数据(图 3.8)来自巫山县农业农村委员会。

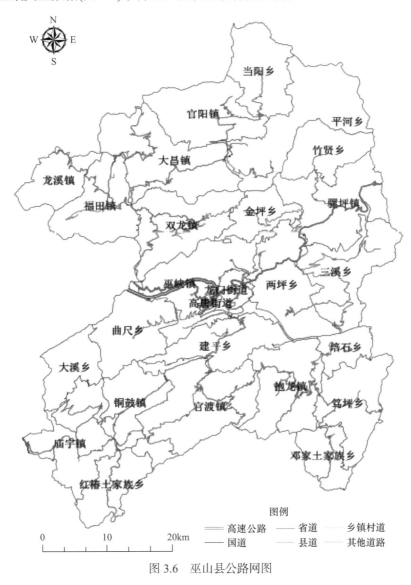

图 3.6　巫山县公路网图

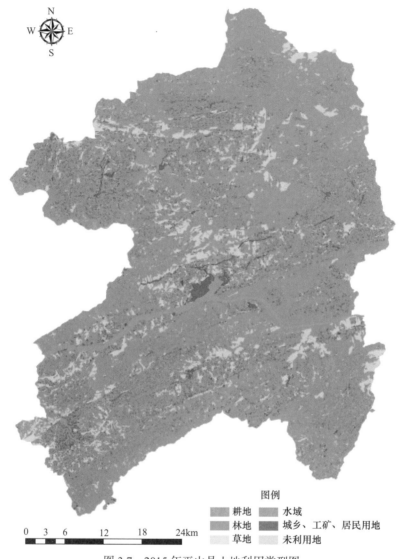

图例

- 耕地
- 林地
- 草地
- 水域
- 城乡、工矿、居民用地
- 未利用地

0　3　6　　12　　18　　24km

图 3.7　2015 年巫山县土地利用类型图

2) 研究方法

(1) SCS 模型。

SCS 模型可用于计算不同土地利用类型、不同耕作方式、不同土壤类型、不同前期土壤含水量以及不同降水条件下的地表径流，具有简单易行、所需参数少、对观测数据要求较低等特点。该模型最早由 Mockus(莫茨库斯)提出，最初提出的径流方程没有考虑径流产生前植物截留、初渗和填洼构成集水区的初损，通过大量试验将标准值 $\lambda = 0.2$ 作为模型的初损参数值，对方程进行修正，得到常

图例

水稻土　　　石灰岩土　　　黄壤
河流　　　　紫色土　　　　黄棕壤
潮土　　　　裸岩

0　3　6　　12　　　18　　　24km

图 3.8　巫山县土壤类型图

用径流方程(3.11)，并采用一个能综合反映降雨前区域特征的经验性无因次参数 CN 来推求 S[式(3.12)]。

　　CN 是一个能表征土地利用类型和水文土壤等特征的综合参数，它由土壤前期湿度、土壤类型、土地利用方式三个因素共同决定，常通过查阅《美国国家工程手册》中的 CN 表获得。为确定研究区的 CN，首先根据最小下渗率和土壤质地将土壤划分为 A、B、C、D 四类(表 3.2)，再结合降雨前研究区土壤湿度、土地利用类型、研究区特点，参照美国农业部水土保持局提供的 CN 及我国有关研究者对 SCS 模型进行应用时所修正的 CN，确定研究区在正常状态下各土地利用类型的 CN。

(2) 多情景模拟。

情景是对事物所有可能的未来发展态势的描述，既包括对各种态势基本特征的定性和定量描述，又包括对各种态势发生可能性的描述。多情景模拟是在特定条件下，根据可能发生的情景模拟不同情景可能出现的结果。

结合巫山县多年降雨实况，采用 GIS 技术，基于 SCS 模型，按照 24h 降水量分别为 50mm、75mm、100mm、125mm、150mm、175mm、200mm、250mm 等8 种情景对巫山县降雨-径流进行模拟，获取其径流空间分布及径流总量。

根据《中国科学院土地利用/土地覆盖分类体系》，按照耕地，草地，林地，水域，城乡、工矿、居民用地，未利用地 6 个一级类型对土地利用类型数据进行合并，获得 2015 年巫山县土地利用类型图，为 CN 的确定奠定基础。

根据 SCS 模型中土壤类型分类标准，按照土壤质地将土壤分为 A、B、C、D 四类水文土壤。其中，A 类包括砂土、壤质砂土、砂质壤土；B 类包括壤土、粉砂壤土；C 类包括砂黏壤土；D 类包括黏壤土、粉砂黏壤土、砂黏土、粉砂黏土、黏土。

利用研究区土地利用类型和土壤类型数据，在 ArcGIS 中进行空间叠加，获得包含土地利用类型和土壤类型信息图斑数据；根据叠加融合数据，确定巫山县在正常状态下各类型图斑的 CN(表 3.4)。

表 3.4　正常状态下研究区的 CN

土地利用类型	不同水文土壤的 CN			
	A	B	C	D
耕地	62	71	78	81
林地	30	55	70	77
草地	49	69	79	84
水域	98	98	98	98
城乡、工矿、居民用地	77	85	90	92
未利用地	72	80	85	91

按照前述 8 种降雨模拟情景，利用式(3.13)、式(3.14)进行巫山县整体、乡镇、公路三个层次的降雨-径流空间模拟。其中，巫山县整体及公路尺度模拟结果采用等间距划分方法,以 50mm 为间隔,将径流量数值按照[0.00,50.00]、(50.00,100.00]、(100.00,150.00]、(150.00,200.00]、(200.00,250.00]依次分为 Ⅰ～Ⅴ等级；巫山县乡镇尺度径流模拟采用统计方法获取不同情景下各乡镇的平均径流总量，采用自然

断点法分为 5 个等级。

　　自然断点法基于数据中固有的自然分组，通过对分类间隔加以识别，将要素划分为多类，可对相似值进行适当分组，使其类内差异最小，类间差异最大。

　　3) 结果及分析

　　(1) 研究区整体降雨-径流多情景模拟结果。

　　根据 24h 降水量分别为 50mm、75mm、100mm、125mm、150mm、175mm、200mm 和 250mm 等 8 种情景，获得研究区整体降雨-径流空间模拟分布情况(图 3.9)。由

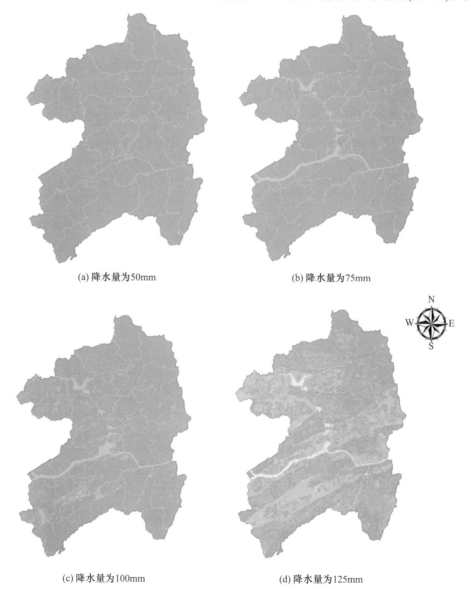

(a) 降水量为50mm

(b) 降水量为75mm

(c) 降水量为100mm

(d) 降水量为125mm

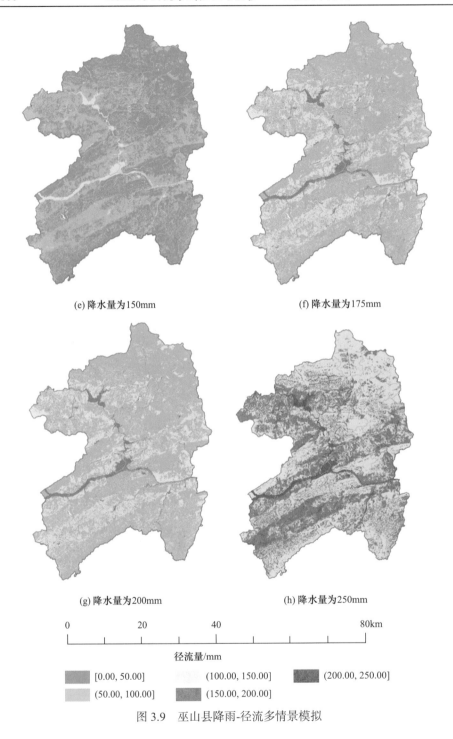

(e) 降水量为150mm

(f) 降水量为175mm

(g) 降水量为200mm

(h) 降水量为250mm

0   20   40   80km

径流量/mm

[0.00, 50.00]   (100.00, 150.00]   (200.00, 250.00]

(50.00, 100.00]   (150.00, 200.00]

图3.9 巫山县降雨-径流多情景模拟

图 3.9 可知，巫山县径流量等级高的区域主要呈带状分布于研究区中部、南部，呈团状分布于研究区西北部。随着降雨强度的不断增加，研究区径流量由Ⅰ等级逐渐向Ⅱ～Ⅴ等级转变，Ⅰ等级径流量所占区域先平稳收缩，然后在降水量为150～175mm 情景时锐减，占比不足 1.00%；Ⅱ等级径流量所占区域由初始降水量为 50mm 情景的 0.00%缓慢上升，在降水量为 175mm 情景时面积占比达最高值85.03%，然后平稳降至 56.96%，再突降为 0.13%；Ⅲ～Ⅴ等级径流量依次在降水量为 125mm、175mm、250mm 情景时首次出现。

当降水量为 50mm 时，巫山县径流量均处于Ⅰ等级；当降水量为 75mm、100mm 时，巫山县有 96.52%、91.44%区域径流量处于Ⅰ等级，仅有 3.48%、8.56%的区域处于Ⅱ等级；当降水量为 125mm、150mm 时，巫山县径流量处于Ⅰ～Ⅲ等级，以Ⅰ等级为主，Ⅱ等级径流量覆盖区域依次为 31.45%、35.40%，较 100mm情景显著增加；当降水量为 175mm、200mm 时，巫山县径流量处于Ⅰ～Ⅳ等级，Ⅱ等级径流量覆盖区域依次为 85.03%、56.96%，区域主要径流由Ⅰ等级逐渐向Ⅱ等级转变，且降水量为 200mm 时的Ⅲ等级径流量覆盖区域占 35.33%，较 175mm情景增加了 24.67%；当降水量为 250mm 时，巫山县径流量横跨Ⅰ～Ⅴ等级，Ⅲ等级径流量覆盖范围为 56.83%，区域主要径流量由Ⅱ等级迅速转向Ⅲ等级，且Ⅰ、Ⅱ等级径流量覆盖区域不足 1.00%，Ⅴ等级径流量覆盖区域高达 7.01%。

根据巫山县降雨-径流多情景模拟数据，在 ArcGIS 中计算得到巫山县降雨-径流总量。随着降雨强度的不断增加，径流总量依次为 1476.83 万 m^3、3984.19万 m^3、7515.66 万 m^3、11765.19 万 m^3、16543.96 万 m^3、21725.16 万 m^3、27219.70万 m^3、38908.69 万 m^3，由 1476.83 万 m^3 逐渐升高至 38908.69 万 m^3，增加了 25.35倍。分别以降水量为 50mm 和前一降雨情景为基准，计算其他 7 种情景及后一情景径流总量变化，随着降雨强度的增加，径流总量呈上升趋势，相较于 50mm 降雨情景，其他 7 种情景径流总量依次增加了 1.70 倍、4.09 倍、6.97 倍、10.20 倍、13.71 倍、17.43 倍、25.35 倍；后一情景相较于前一情景增加的倍数先迅速上升后缓慢下降，依次增加了 170%、89%、57%、41%、31%、25%、43%，径流总量增加，整体增幅减小。

(2) 研究区乡镇降雨-径流多情景模拟结果。

根据巫山县降雨-径流多情景模拟结果，按乡镇统计其不同情景下的径流总量，计算 8 种情景(SS50、SS75、SS100、SS125、SS150、SS175、SS200、SS250)下的径流总量平均值，采用 ArcGIS 中的自然断点法进行分级，得到五个径流等级(Ⅰ～Ⅴ)(图 3.10)。

由图 3.10 可知，随着降雨强度的不断增加，研究区各乡镇径流总量有不同程度的上升趋势，计算在 50～250mm 降水量情景下，各乡镇径流总量增加倍数。其中，当阳乡径流总量由 13.39 万 m^3 上升至 1234.24 万 m^3，增加了 91.18 倍，增幅最大；其次，竹贤乡增加了 70.34 倍；金坪乡、邓家土家族乡、官阳镇、红椿土家族乡 4 个乡镇(街道)增幅在 50.00%～70.00%。高唐街道径流总量由 23.89 万 m³ 上升至 186.89 万 m³，增加了 6.82 倍，增幅最小；铜鼓镇、曲尺乡、巫峡镇、大昌镇、大溪乡、龙门街道 6 个乡镇(街道)增幅在 10.00%～20.00%，增幅较小。

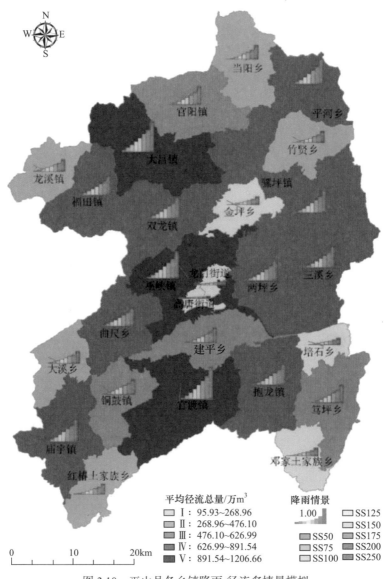

图 3.10　巫山县各乡镇降雨-径流多情景模拟

在 26 个乡镇(街道)中，径流等级属于Ⅴ等级范围的乡镇有官渡镇、大昌镇、巫峡镇 3 个，其平均径流总量依次为 1206.66 万 m³、1191.40 万 m³、1033.94 万

m³；平河乡、庙宇镇、双龙镇、骡坪镇、三溪乡、抱龙镇、两坪乡、福田镇、曲尺乡 9 个乡镇的平均径流总量依次为 891.54 万 m³、863.91 万 m³、833.34 万 m³、826.89 万 m³、781.83 万 m³、760.10 万 m³、749.06 万 m³、723.42 万 m³、721.39 万 m³，属于Ⅳ等级范围；径流等级属于Ⅲ等级范围的乡镇包括笃坪乡、官阳镇、铜鼓镇、建平乡 4 个；径流等级属于Ⅱ等级范围的乡镇包括大溪乡、当阳乡、龙溪镇、竹贤乡、红椿土家族乡 5 个；径流等级属于Ⅰ等级范围的乡镇(街道)有邓家土家族乡、金坪乡、培石乡、龙门街道、高唐街道 5 个。

当发生暴雨时，官渡镇、大昌镇、巫峡镇极易受到降雨引发的洪水灾害及山洪诱发的泥石流、滑坡等灾害的冲击，属重点防治区；平河乡、庙宇镇、双龙镇、骡坪镇、三溪乡、抱龙镇、两坪乡、福田镇、曲尺乡 9 个乡镇较易受到降雨的影响；邓家土家族乡、金坪乡、培石乡、龙门街道、高唐街道 5 个乡镇(街道)属于第Ⅰ等级，较为安全。

(3) 研究区公路降雨-径流多情景模拟结果。

根据巫山县降雨-径流多情景模拟获得的数据，耦合研究区公路数据，提取得到公路降雨-径流多情景模拟图(图 3.11)，并计算得到其径流总量。

由图 3.11 可知，随着降雨强度的增加，巫山县公路径流量由Ⅰ等级的径流量逐渐向Ⅱ等级和Ⅲ等级转变，Ⅰ等级径流量路段占比呈明显的下降趋势，并在降水量为 150~175mm 情景时锐减，占比仅为 0.27%；Ⅱ等级径流量路段由初始降水量为 50mm 情景的 0.00%缓慢上升，在降水量为 125mm 情景时出现波峰 50.41%，经小幅下降后，在降水量为 175mm 情景达到峰值 69.54%，然后持续下降，最终降至 0.03%；Ⅲ~Ⅴ等级径流量依次在降水量为 125mm、175mm、250mm 情景时首次出现。

(a) 降水量为50mm　　　　　　　　　　　　(b) 降水量为75mm

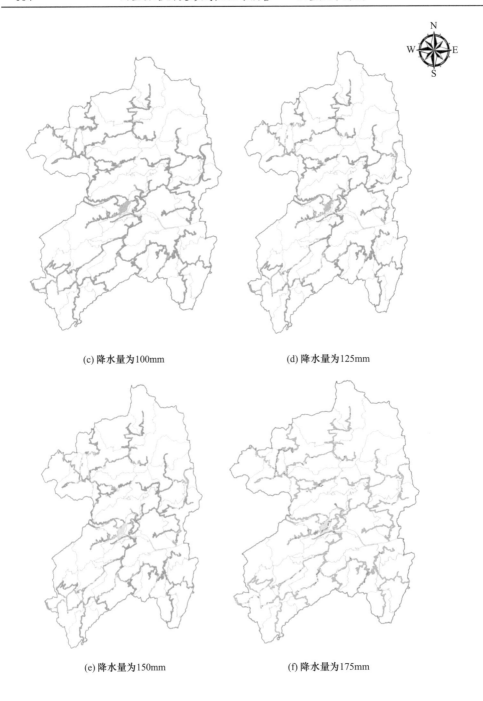

(c) 降水量为100mm

(d) 降水量为125mm

(e) 降水量为150mm

(f) 降水量为175mm

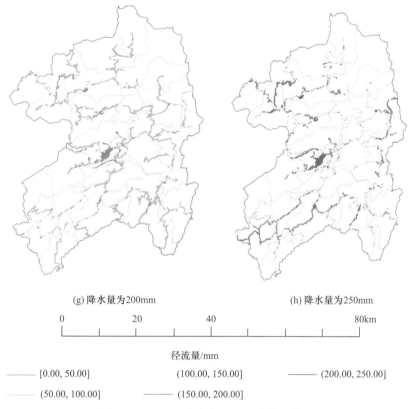

(g) 降水量为200mm　　　　　　(h) 降水量为250mm

```
0            20            40                    80km
```

径流量/mm

——— [0.00, 50.00]　　　　　　——— (100.00, 150.00]　　　　　　——— (200.00, 250.00]

——— (50.00, 100.00]　　　　　　——— (150.00, 200.00]

图 3.11　巫山县公路降雨-径流多情景模拟

　　巫山县公路网在降水量为 50mm 情景下，径流量只在Ⅰ等级范围内；公路网在降水量为 75mm、100mm 两种情景下，径流量主要在Ⅰ等级范围内，路段占比分别为 95.32%、77.67%，其他路段径流量均属于Ⅰ等级范围；在降水量为 125mm、150mm 情景下，径流量处于Ⅰ～Ⅲ等级，并以Ⅱ等级径流为主，其路段占比分别为 50.41%、40.43%；在降水量为 175mm、200mm 情景下，出现Ⅳ等级范围径流量，其 80.00% 以上路段径流量在Ⅱ、Ⅲ等级范围内，且Ⅰ等级径流量路段占比不足 0.30%；在降水量为 250mm 情景下，径流量主要在Ⅲ、Ⅳ等级范围内，其路段占比为 80%，Ⅰ～Ⅱ等级范围路段占比为 0.28%，且出现Ⅴ等级范围径流量。由降水量为 150mm、170mm、200mm、250mm 四种情景下径流空间分布可知，巫山县西部公路及东部少数公路径流量较大，易发生洪灾。

　　随着降水量的增加，公路径流总量依次为 8.77 万 m³、20.49 万 m³、35.55 万 m³、52.86 万 m³、71.79 万 m³、91.91 万 m³、112.96 万 m³、157.1 万 m³，公路径流总量由 8.77 万 m³ 上升至 157.1 万 m³，增加了 16.91 倍。

　　由图 3.11 可知，在降水量为 250mm 情景下，即发生特大暴雨时，大昌镇、官渡镇、巫峡镇、双龙镇、庙宇镇、福田镇、高唐街道、抱龙镇等多个乡镇(街道)受到水域的影响，部分公路径流属于V等级，极易发生洪灾。

4) 小结

通过对重庆市巫山县整体、乡镇和公路进行降雨-径流多情景模拟，分析巫山县特定降雨强度下径流空间分布及总量、巫山县公路降雨-径流分布及易发生洪灾的路段等。随着降雨强度的增加，得出以下结论。

(1) 径流量等级高的区域主要呈带状分布于巫山县中部、南部，呈团状分布于巫山县西北部。径流总量由 1476.83 万 m³ 逐渐升高至 38908.69 万 m³，增加了 25.35 倍。径流量由 I 等级逐渐向 II～V 等级转变，当降水量低于 150mm 时，径流量均以 I 等级为主，面积占比均高于 57.00%；当降水量为 175mm、200mm 时，径流量以 II 等级为主；当降水量为 250mm 时，径流量以 III 等级为主。

(2) 各乡镇径流总量有不同程度的上升趋势，其中当阳乡增幅最大，高唐街道增幅最小。径流量等级属于V等级范围的乡镇有官渡镇、大昌镇和巫峡镇，易受到降雨诱发的洪水等灾害影响；平河乡、庙宇镇、双龙镇等 9 个乡镇属于IV等级范围，较易受到降雨的影响；径流等级属于 I 等级的乡镇(街道)有邓家土家族乡、金坪乡、高唐街道等，较为安全。

(3) 巫山县公路径流量由 I 等级的径流量逐渐向 II、III 等级转变，I 等级径流量路段占比呈明显的下降趋势；II 等级径流量路段在降水量为 175mm 情景时达到峰值 69.54%；III～V 等级径流量依次在降水量为 125mm、175mm、250mm 情景时首次出现。公路径流总量增加了 16.91 倍，西部公路及东部少数公路径流量较大，易发生洪灾。当发生特大暴雨时，大昌镇、官渡镇、巫峡镇等多个乡镇(街道)，部分公路径流量属于V等级，极易发生洪灾。

在使用 SCS 模型时，未对曲线数值 CN 和初损率λ进行修正，直接根据模型制作者和我国相关研究者所确定的 CN 矩阵来确定本书研究的 CN 矩阵，在后续研究中将对此问题进行深入探讨。洪灾和公路洪灾的研究仅考虑了降雨影响，后期希望从多种因素出发，加强山区洪灾尤其是公路洪灾风险的研究。

3.3　山区公路洪灾危险性评价指标

3.3.1　评价指标选取

公路洪灾的形成条件复杂多样，是自然条件、人类活动等因素共同作用的结果。不同地区、不同类型的公路洪灾在致灾机理和形成条件上呈现出一定的共性，但也存在一定的差异。在公路洪灾危险性评价中，这种差异主要体现为评价指标的选取和量化模型的构建。在诸多洪灾危险性评价的研究中，各学者主要针对致灾因子和孕灾环境，对洪灾危险性空间分布进行综合评价。Hanse(1984)结合野外调查和遥感图像解译的方法，采用渐变因子和突变因子作为构建灾害数据的影响因子，基于 GIS 与洪灾灾点编目对山区洪灾危险度及活动程度进行评价，并不断分析产生误差的原因，完善数据处理方法，最终实现山区洪灾危险性区域评估。久保田哲也等(1990)对山区洪灾和泥石流进行相关危险性研究，利用短期内降雨强度及有效降水量等指标因子，对洪灾及泥石流发生的可能性进行了研究。Cai 等(2007)研究了降水量与洪水、降水量与公路洪灾的转换关系，得出了确定洪水淹没公路范围和深度的算法。Seejata 等(2018)选取降雨强度、河网密度、坡度、高程、土地利用类型和土壤渗透性等参数构建了洪灾危险性评价体系，并评价了泰国北部素可泰府的洪灾危险性。Arabameri 等(2019)选取高程、坡度、坡向、地面曲度、地形湿度指数、河网等级、到河流距离、河网密度、归一化植被指数(normalized differential vegetation index, NDVI)、土壤类型、岩性和土地利用类型等参数构建了评价指标系统，并评价了伊朗基亚萨尔流域的洪灾危险性。

　　在国内公路洪灾危险性评价方面，覃庆梅等(2011)基于 GIS 技术对重庆市万州区公路洪灾进行孕灾环境划分，并得到 4 个等级区域。钟鸣音等(2011)选取地质灾害、公路类型及孕灾环境等作为指标因子，基于 GIS 与 AHP，以乡镇行政区为评价单元，得到重庆市万州区公路网洪灾危险性区划图。林孝松等(2012)以西南地区公路洪灾为研究对象，基于多因素指标评价法构建了孕灾环境分区模型，采用 AHP 与专家效度确定指标权重，获得以县级为单位的公路洪灾孕灾环境等级划分图。齐洪亮等(2014b)分析了降雨、地形、岩土、植被和水系等主要影响因素对公路洪水灾害危险性的影响，根据各影响因素对公路洪水灾害危险性的影响特点，选择影响因素特征参数建立了各类公路洪水灾害危险性评价指标。林孝松等(2015)从地形地貌、降雨、岩性、河网及植被等方面构建了四川省县域公路洪灾危险性评价指标体系，采用综合指数法建立公路洪灾危险性评价综合指数模型，依据相应阈值将四川省县域公路洪灾划分为高危险、中危险、低危险和微危险四个等级。尹超等(2015)将山区公路洪水灾害分为山区沿河公路水毁和山区公路边坡水毁，采用模糊综合评价法和专家调查法建立了危险性评价模型，完成了山区公路洪水灾害危险性区划。

　　目前洪灾研究主要集中于洪灾危险性评价等方面，相关研究成果对山区洪灾防治起到了重要的决策支持作用。可以看出，公路洪灾危险性评价指标的选取正在由单一降雨因子选取向地理综合因子选取转变。本节依据巴南区实际情况，结合各学者对公路洪灾危险性评价指标因子的研究成果，从致灾因子和孕灾环境两个方面综合选取公路洪灾危险性评价指标。公路洪灾危险性评价指标体系如图 3.12 所示。

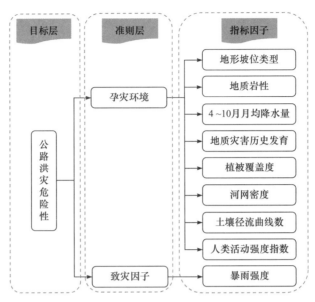

图 3.12　公路洪灾危险性评价指标体系

致灾因子指的是引发公路洪水的触发因子，包括暴雨、溃坝、水库泄洪、冰川融水等，本节研究主要讨论由暴雨引起的公路洪灾。针对暴雨引起的公路洪灾，其致灾因子就是暴雨强度。暴雨强度指的是降雨的集中程度，一般以一次暴雨的降水量、最大瞬间降雨强度、小时降水量及日最大降水量等表示。暴雨强度越高，降雨对地表冲刷力越大，一定时间内降水量也就越大。高强度降雨为洪水形成提供水源条件，而强有力的冲刷力为不稳定的孕灾环境地区提供动力条件，大量水源汇流聚集，加之冲刷地表后伴随洪水的不稳定碎屑物，极易形成山洪等地质灾害。暴雨对山洪等地质灾害的影响是直接的、严重的，因此许多学者在对洪水灾害进行风险评价研究时，暴雨因素是必备的一项指标因子。山区公路沿线孕灾环境复杂多样，存在很多不稳定因素，如被破坏的生态环境、被风蚀的不稳定岩体、山坡间松散堆积物、扩建公路或交通运行所造成的边坡岩土松动等，这些不稳定因素组成的孕灾环境在遇到强降雨、暴雨等类似致灾因子时，往往会形成暴雨型公路洪灾，侵蚀路基路面，阻碍交通，并造成严重的损失。因此，对山区公路洪灾而言，暴雨强度是一项非常重要的致灾因子，本节采用 24h 最大降水量来表示暴雨强度，其单位为毫米(mm)，它与公路洪灾危险性呈正相关，24h 降水量越大，意味着暴雨强度越高，激发力越高，公路洪灾发生的概率也就越高。

3.3.2　指标权重确定

在系统评价研究中，指标权重的确定方法一直是研究的热点。主观赋权法的研究兴起较早，较为成熟。传统的主观赋权法，如 AHP、连环比率法、德尔菲法等，根据专家经验确定指标权重，体现了专家的经验及意见，专家可以根据实际决策问题和自身经验合理地确定各属性权重的排序，但决策和评价结果具有较高的主观随意性，在实际应用中有很大的局限性。

客观赋权法的基本思想是属性权重应为各属性在属性集中的变异程度和对其他属性的影响程度的度量，赋权的原始信息应直接来源于客观环境，处理信息的过程应先深入探讨各属性间的相互联系及影响，再根据各属性的联系程度和各属性所提供的信息量大小决定属性权重。常用的客观赋权法有熵值法、主成分分析法、离差及均方差法等。客观赋权法主要是根据原始数据之间的关系来确定权重，因此权重的客观性强，且不增加决策者的负担，具有较强的数学理论依据。但是客观赋权法没有考虑决策者的主观意向和专家经验，因此确定的权重可能与实际情况不一致。

针对主观赋权法、客观赋权法各自的优缺点，为兼顾决策者对属性的偏好，同时又力争减少赋权的主观随意性，使属性的赋权达到主观与客观的统一，进而使决策结果更真实、可靠，合理的赋权方法应该同时基于指标数据之间的内在规律和专家经验对决策指标进行赋权，这种方法即为组合赋权法。组合赋权法将主观赋权法和客观赋权法相结合，既兼顾专家的经验，又降低了客观赋权的主观性，评价结果更加真实、合理，如博弈论组合赋权法、乘法归一化、线性加权法等。

本节选取层次分析法(analytic hierarchy process，AHP)作为主观权重确定方法，选用熵值法作为客观权重确定方法，通过最优组合赋权方法将二者进行组合赋权，求得各指标的组合权重。权重计算流程如图 3.13 所示。

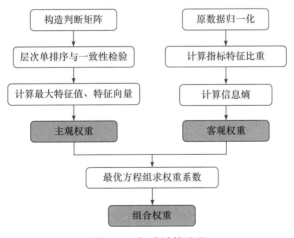

图 3.13　权重计算流程

1) 主观赋权法

AHP 由萨蒂于 1973 年首次提出，其核心思想是将复杂问题分解成不同层次和因子，通过比较各层次和因子的重要性构建判断矩阵，进而通过矩阵运算求出最大特征值λ_{max}和相应的特征向量 W，归一化处理后，即为各层次指标的权重。AHP 主要包括以下步骤。

(1) 构造判断矩阵。判断矩阵是针对上一层次中某一元素而言，评定本层次中各有关元素相对重要性的状况，比较 n 个因子 $X=\{x_1, x_2, \cdots, x_n\}$ 对某因素 Z 的影响大小，每次取两个因子 x_i 和 x_j，以 a_{ij} 表示 x_i 和 x_j 对因素 Z 的影响大小之比，全部比较结果用矩阵 $A=(a_{ij})_{n×n}$ 表示，A 就是 Z-X 的判断矩阵，并且有如下关系：

$$A = \begin{bmatrix} 1 & a_{12} & \cdots & a_{1n} \\ a_{21} & 1 & \cdots & a_{2n} \\ \vdots & \vdots & & \vdots \\ a_{n1} & a_{n2} & \cdots & a_{nn} \end{bmatrix} \tag{3.15}$$

$$a_{ji} = \frac{1}{a_{ij}} \tag{3.16}$$

为确定 a_{ij} 的值，Saaty 等建议引用数字 1～9 及其倒数作为标度。表 3.5 列出了 1～9 重要性标度的含义。

表 3.5　重要性标度含义

重要性标度	含义
1	表示两个因素相比，具有相同重要性
3	表示两个因素相比，前者比后者稍重要
5	表示两个因素相比，前者比后者明显重要
7	表示两个因素相比，前者比后者强烈重要
9	表示两个因素相比，前者比后者极端重要
2,4,6,8	表示上述相邻判断的中间值
倒数	若因素 i 与因素 j 的重要性之比为 a_{ij}，则因素 j 与因素 i 的重要性之比为 $a_{ji} = \frac{1}{a_{ij}}$

(2) 层次单排序与一致性检验。判断矩阵 A 对应于最大特征值λ_{max}和相应的特征向量 W，经归一化后为同一层次相应因素对于上一层次某因素相对重要性的排序权值称为层次单排序。计算判断矩阵的最大特征值λ_{max}：

$$\lambda_{max} = \frac{1}{n} \sum_{i=1}^{n} \frac{(AW)_i}{W_i} \tag{3.17}$$

计算一致性指标 CI：

$$CI = \frac{\lambda_{\max} - n}{n - 1} \tag{3.18}$$

当 CI=0 时，判断矩阵具有完全一致性；相反，CI 越大，判断矩阵的一致性就越差。为了检验判断矩阵是否具有令人满意的一致性，需要将 CI 与平均随机一致性指标 RI 进行比较。一般而言，1 阶和 2 阶判断矩阵总是具有完全一致性。对于 2 阶以上的判断矩阵，其一致性指标 CI 与同阶的平均随机一致性指标 RI 之比，称为判断矩阵的随机一致性比例，记为 CR：

$$CR = \frac{CI}{RI} \tag{3.19}$$

平均随机一致性指标 RI 的数值如表 3.6 所示。当随机一致性比例小于 0.1 时，就认为判断矩阵具有一致性，否则需要调整判断矩阵直至达到一致性要求。

表 3.6　平均随机一致性指标 RI 的数值

n	1	2	3	4	5	6	7	8	9	10
RI	0	0	0.58	0.90	1.12	1.24	1.32	1.41	1.45	1.49

(3) 利用和积法近似算法求解判断矩阵的最大特征值及其所对应的特征向量。对特征向量进行归一化得到所求的指标主观权重。

2) 客观赋权法

与 AHP 不同，熵值法充分利用原始数据信息，是一种客观赋权法。熵值法利用信息熵反映指标的变异程度，并可以进行综合评价。熵是对不确定性度量的一种方式，信息量越大，不确定性越小，熵就越小；相反，信息量越小，不确定性越大，熵就越大。根据熵的特点，可利用熵值来判断评价指标的离散程度，离散程度越小，权重越大；相反，离散程度越大，权重越小。熵值法主要计算步骤如下。

(1) 将原始数据归一化后的特征值 x_{ij} 正向化处理，计算第 j 个指标在第 i 个评价单元中的特征比重 p_{ij}：

$$p_{ij} = \frac{x_{ij}}{\sum\limits_{i=1}^{m} x_{ij}}, \quad i = 1, 2, \cdots, m; \ j = 1, 2, \cdots, n \tag{3.20}$$

式中，p_{ij}——第 i 个评价单元中第 j 个评价指标的特征比重；

x_{ij}——第 i 个评价单元中第 j 个评价指标的特征值；

m——待评单元数量；

n——评价因子指标数量。

(2) 计算第 j 个指标的信息熵值 e_j：

$$e_j = \frac{-k}{\sum\limits_{i=1}^{m}(p_{ij}\ln p_{ij})}, \quad j=1,2,\cdots,n \tag{3.21}$$

式中，可取 $k = i/\ln m$。

(3) 归一化确定评价指标客观权重：

$$\omega_{j客} = \frac{1-e_j}{\sum\limits_{j=1}^{n}(1-e_j)} \tag{3.22}$$

3) 最优组合赋权法

最优组合赋权法的目的与核心是确定主客观赋权法各自的比重，使组合权重能更真实地反映待评价系统的真实情况，计算公式为

$$\omega_j = a\omega_{j主} + b\omega_{j客} \tag{3.23}$$

式中，ω_j——组合权重；

$\omega_{j主}$——主观权重；

$\omega_{j客}$——客观权重；

a、b——主、客观权重的待定系数。

根据最小二乘法原理，为了得到某种"最优情况"下的方程组，以回归分析求得残差平方和最小的近似解，得到方程组如下：

$$a_1 = \frac{\sum\limits_{i=1}^{n}\sum\limits_{j=1}^{m}\omega_{j主} \times x_{ij}}{\sqrt{\left(\sum\limits_{i=1}^{n}\sum\limits_{j=1}^{m}\omega_{j主} \times x_{ij}\right)^2 + \left(\sum\limits_{i=1}^{n}\sum\limits_{j=1}^{m}\omega_{j客} \times x_{ij}\right)^2}} \tag{3.24}$$

$$b_1 = \frac{\sum\limits_{i=1}^{n}\sum\limits_{j=1}^{m}\omega_{j客} \times x_{ij}}{\sqrt{\left(\sum\limits_{i=1}^{n}\sum\limits_{j=1}^{m}\omega_{j主} \times x_{ij}\right)^2 + \left(\sum\limits_{i=1}^{n}\sum\limits_{j=1}^{m}\omega_{j客} \times x_{ij}\right)^2}} \tag{3.25}$$

将求得的 a_1、b_1 进行归一化处理，得到满足约束条件的待定系数，然后求得最优组合权重。

$$a_1 = \frac{a_1}{a_1 + b_1}, \quad b_1 = \frac{b_1}{a_1 + b_1} \tag{3.26}$$

最优组合赋权法不仅可用于对主观和客观权重进行组合计算，同时也适用于对多组不同权重方法进行最优组合，该方法对于提高权重的准确性和合理性具有一定的优势。

3.4　山区公路洪灾多尺度危险性评价

依据巴南区各指标特征值，将其危险性等级划分为微度危险(Ⅰ)、低度危险(Ⅱ)、中度危险(Ⅲ)和高度危险(Ⅳ)共 4 个等级(表 3.7)，结合相关文献，确定各指标的等级划分标准(表 3.8)。

表 3.7　公路洪灾危险性等级特征

危险等级	危险程度	特征
Ⅰ	微度危险	危险性最低，一般不会发生洪灾
Ⅱ	低度危险	危险性较低，可能会发生小型洪灾
Ⅲ	中度危险	危险性较高，易发生小到中型洪灾
Ⅳ	高度危险	危险性极高，极易发生中型及以上洪灾

表 3.8　公路洪灾危险性评价指标等级划分标准

评价指标及赋值	微度危险(Ⅰ)	低度危险(Ⅱ)	中度危险(Ⅲ)	高度危险(Ⅳ)
地形坡位类型 C_1	山脊	山坡中部、山坡上部	平地	山谷谷地、山坡下部
地质岩性 C_2	砂岩类	灰岩类	泥岩、页岩类	松散堆积物类
4～10 月月均降水量 C_3/mm	<600	600～800	800～1000	≥1000
地质灾害历史发育 C_4/次	<1	1～2	2～3	≥3
植被覆盖度 C_5/%	≥60	30～60	10～30	<10
河网密度 C_6/(m/km²)	<400	400～600	600～800	≥800
土壤径流曲线数 C_7	<70	70～80	80～90	≥90
人类活动强度指数 C_8	<0.25	0.25～0.50	0.50～0.75	≥0.75
暴雨强度 C_9/mm	<25	25～50	50～100	≥100

3.4.1　基于格网尺度的危险性评价

在洪灾危险性评价中，洪灾发生位置及其影响范围与地理空间特征息息相关，而与人为划分的行政区划相关性较低。基于格网尺度的公路洪灾危险性评价，可以将多种数据空间量化为一个统一的、便于分析的尺度，实现数据属性在空间上的细化，使得传统数据的表达有新的途径，同时也冲破行政边界的束缚，能有效探究行政区划内部的危险性分布差异。本节通过对研究区进行格网划分来确定公路洪灾危险性评价的基本评价单元，运用不同的空间数据精细量化方法将数据量化到每一个评价单元，采用 BP 神经网络构建格网危险性评价模型，以实现基于格网的公路洪灾危险性评价。

1. 格网的划分

考虑到研究区各指标数据中精度最高的数据分辨率为 30m×30m，将整个研究区划分成大小为 30m×30m 的格网，整个区域共划分 1940 行、1708 列，共 1532044 个有效网格。同样，将所有指标数据转换为分辨率为 30m×30m 的栅格数据。

2. BP 神经网络危险性评价

1) 模型构建

基于 BP 神经网络的危险性评价模型构建包括输入层、隐含层、输出层以及层与层间传递函数的设计等，具体步骤如下：

(1) 输入层采用地形坡位类型、地质岩性、4～10 月月均降水量、地质灾害历史发育、植被覆盖度、河网密度、土壤径流曲线数、人类活动强度指数和暴雨强度 9 个节点，数值即为各指标数据值，采用 ArcGIS 中的 arcpy 函数库将栅格数据处理为 Numpy 数组，利用 sklearn 库中的最大/最小标准化函数对数据进行标准化处理。

(2) 输出层为 4 个节点，数值分别为 4 个公路洪灾危险等级。

(3) 以巴南区 648 个洪灾实例为学习样本数据建立学习样本数据库。

(4) 设置多次实验选择不同的中间层节点数，对比实验均方差大小，当节点数为 19 时，均方差最小，因此设置中间层节点数为 19，模型迭代次数初定为 30000 次，训练网络精度采用 0.01，传递函数采用式(3.2)，在 Keras 机器学习库下搭建 BP 神经网络模型，其他参数设置为系统默认值。网络经 3754 次循环模型训练，完成最终 BP 神经网络模型。

2) 评价结果

将公路洪灾危险性评价指标输入已经训练好的 BP 神经网络模型中，得到巴南区公路洪灾危险等级划分结果(图 3.14)。

从基于格网尺度的巴南区公路洪灾危险等级分区结果来看，巴南区公路洪灾危险等级以微度危险和低度危险为主，微度危险区域和低度危险区域分别占研究区总面积的 30.75% 和 45%，中度危险区域占研究区总面积的 18.42%，高度危险区域占研究区总面积的 5.83%。从空间分布来看，微度危险区域和低度危险区域主要集中在巴南区南部，巴南区南部降雨强度明显低于邻近长江的西部和北部，

图 3.14　基于格网尺度的巴南区 2017 年公路洪灾危险等级分区

且地貌类型多为山脊和山坡上部，受雨水冲刷作用小；中度危险区域和高度危险区域主要集中在巴南区西北部、安澜镇中部、木洞镇北部以及麻柳嘴镇西部等，这些区域大多为山谷或平地，靠近河流，大部分区域用地类型为城镇建设用地和农村居民用地，植被覆盖度低，人类活动强度高，对比巴南区 4～10 月月均降水量也可以看出，该区域基本分布于降水量较高的区域，常年雨量充沛，较易受到洪水灾害的影响。巴南区各危险等级区面积与占比如表 3.9 所示。

表 3.9　巴南区各危险等级区面积与占比

危险等级	面积/km²	占比/%
微度危险（Ⅰ）	564.01	30.75
低度危险（Ⅱ）	825.44	45.00

危险等级	面积/km²	占比/%
中度危险(Ⅲ)	337.82	18.42
高度危险(Ⅳ)	106.96	5.83

3) 精度检验

模型结果检验采用 K 折交叉验证法进行验证。K 折交叉验证法不重复地随机将训练集划分为 k 个，其中 $k-1$ 个用于训练，剩余 1 个用于测试，重复该过程 k 次，得到 k 个模型，对模型性能进行评价。在所有灾害数据点中，90%的数据点用于测试，剩余的 10%数据点用于准确性检验，得到模型精度为 0.804(表 3.10)。

表 3.10　K 折交叉验证法检验结果

检验次数	1	2	3	4	5	6	7	8	9	10	平均值
精度	0.782	0.834	0.886	0.755	0.768	0.730	0.802	0.787	0.831	0.868	0.804

3.4.2　基于小流域尺度的危险性评价

危险性是灾害的自然属性，一般用于描述区域孕灾环境和致灾因子等自然环境的分布概率。由危险性定义可以看出，危险性评价是关于孕灾环境自然环境状况的一种评价，而对西南山区丘陵等地形特点来说，小流域是一个具有完整自然生态过程的自然单元，也是区域灾害综合管理的基础和关键。小流域是独立的集水地貌单元，可以将其看成一个最小的、独立的"孕灾系统"。因此，对研究区进行小流域划分，进行以小流域为基本单元的公路洪灾危险性评价分析，更符合公路洪灾危险性评价的定义，更具科学性，基于小流域尺度的灾害危险性评价可以为流域灾害管理与防治工作提供科学有效的决策支持。

1. 小流域划分

小流域的划分原则一般以自然地形地貌为基础，尽量保证小流域形态特征的完整。小流域必须具有完整的集水区域、分水线，并且只有一个出水口。根据水文学 D8 算法，以巴南区 DEM 为数据基础，运用 ArcGIS 的水文分析模块(Hydrology)确定汇流区域，当使用阈值定义集水区时，集水区的倾泻点是根据流量推导出的河流网络交汇点。因此，必须指定流量栅格，同时指定构成河流的最小像元数目(阈值)来进行集水区域分割。本节采用统计学中的均值变点法来求取巴南区的最佳集水面积阈值，得到该区域最佳集水面积对应的栅格数为 2000。巴南区小流域划分结果如图 3.15 所示，区域共划分出 374 个小流域单元，这 374 个小流域单元即为基于小流域尺度的巴南区公路洪灾危险性评价的基本单元。

图 3.15 巴南区 2017 年小流域划分结果

2. 小流域指标数据

利用数据处理方法将各项指标数据空间量化到小流域，ArcGIS 中提供的分区统计工具可以实现各流域的数据统计分区，该统计工具可根据来自其他数据集的值为每一个由区域数据集定义的区域计算统计数据，为输入区域数据集中的每一个区域计算单个输出值，统计内容包括平均值、最大(小)值、众数、少数、标准差和总和等。根据各项指标数据的分布，运用 ArcGIS 分区统计工具，统计输出各流域的平均量化值，得出各指标的空间分布状况如图 3.16 所示。

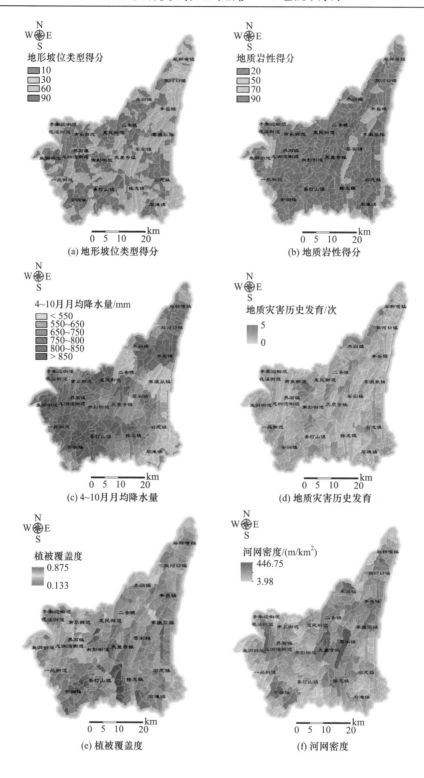

(a) 地形坡位类型得分

(b) 地质岩性得分

(c) 4~10月月均降水量

(d) 地质灾害历史发育

(e) 植被覆盖度

(f) 河网密度

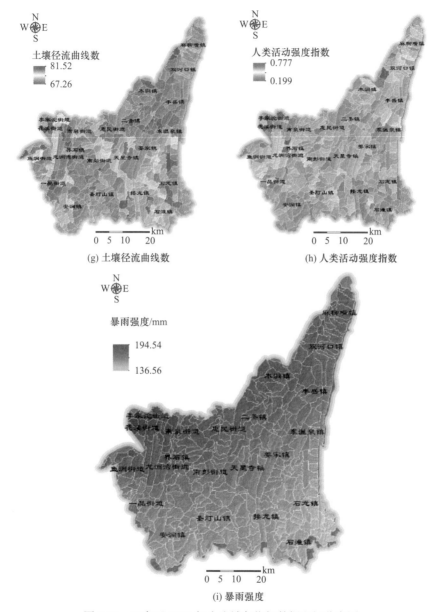

(g) 土壤径流曲线数　　　　　　　　(h) 人类活动强度指数

(i) 暴雨强度

图 3.16　巴南区 2017 年小流域各指标数据空间分布图

3. 可变模糊危险性评价与分区

将洪灾危险性评价指标分区统计至小流域单元的过程，实际上是一个信息简化的过程。在此过程中，小流域大量信息被量化后的唯一值高度概括，整个区域的多维复杂信息被提取为简单信息，信息量的减少也大大增加了单元危险性的不确定性与随机性。因此，将模糊决策模型作为评价模型更符合小流域危险性评价的特点。本节根据各指标数据，基于可变模糊优选模型构建基于小流域的公路洪灾危险性评价方法。

1) 评价因子权重确定

公路洪灾危险性评价是一个多因素组成的综合研究过程，以多层次、多方位评价为原则。其指标权重应按照多层次、多角度的方式来计算。利用 AHP、熵值法分别计算各指标因子的主观权重和客观权重，按照最优组合赋权法计算最终的组合权重。

(1) 层次分析法确定主观权重。

根据各评价因子对公路洪灾危险性影响的重要性排序及各行业专家意见，构建公路洪灾危险性评价指标判断矩阵，如表 3.11 所示。

表 3.11　公路洪灾危险性评价指标判断矩阵

指标	C_1	C_2	C_3	C_4	C_5	C_6	C_7	C_8	C_9
C_1	1	1	5	5	5	1/3	1/5	7	7
C_2	1	1	3	2	3	1/4	1/6	3	5
C_3	1/5	1/3	1	1/4	1	1/5	1/5	2	3
C_4	1/5	1/2	4	1	4	1/3	1/2	4	7
C_5	1/5	1/3	1	1/4	1	1/5	1/5	2	4
C_6	3	4	5	3	5	1	1	5	7
C_7	5	6	5	2	5	1	1	5	7
C_8	1/7	1/3	1/2	1/4	1/2	1/5	1/5	1	3
C_9	1/7	1/5	1/3	1/7	1/4	1/7	1/7	1/3	1

对判断矩阵进行一致性检验。按照式(3.17)~式(3.19)计算判断矩阵最大特征值 λ_{max} 为 10.01，一致性指标 CI 为 0.1，判断矩阵的随机一致性比例 CR 为 0.068，小于 0.1，即构建的判断矩阵通过一致性检验，满足使用要求。

利用和积法近似算法求解判断矩阵的最大特征值及其所对应的特征向量。对特征向量进行归一化得到所求的指标主观权重(表 3.12)。

表 3.12　评价因子权重计算结果

方法	不同指标对应权重								
	C_1	C_2	C_3	C_4	C_5	C_6	C_7	C_8	C_9
AHP	0.1686	0.0885	0.0974	0.1169	0.0775	0.1825	0.0786	0.0664	0.1236
熵值法	0.0755	0.1122	0.1236	0.1230	0.1152	0.1157	0.1164	0.0943	0.1240
最优组合赋权法	0.1197	0.1011	0.1111	0.1201	0.0973	0.1475	0.0984	0.0810	0.1238

(2) 熵值法确定客观权重。

将 9 个指标的栅格数据转换为 ASCⅡ文件导入 MATLAB 进行矩阵运算，将数据归一化后按照式(3.21)计算得到每个指标的熵值向量 e_j=(0.00265，0.00393，0.00433，0.00430，0.00403，0.00405，0.00408，0.00330，0.00434)，归一化求得客观权重(表 3.12)。

(3) 最优组合赋权法确定组合权重。

根据主观权重和客观权重计算结果，按照式(3.24)～式(3.26)求得主观权重和客观权重的待定系数为 $a = 0.476,b = 0.524$，按照式(3.23)计算得到组合权重(表 3.12)。

2) 模糊综合评价

相较于栅格评价单元，以小流域为评价单元进行危险性评价，数据样本相对较少，适合选用模糊优选模型，以解决"小样本"的不完备信息等问题，提高危险性分析结果的可靠性和准确性。

依据各指标的等级划分标准(表 3.8)，按照隶属函数在 MATLAB 中构建各正、逆指标的相对隶属度矩阵。将隶属度矩阵进行标准化处理后，依据式(3.10)在 MATLAB 中编写程序，完成对每个评价单元进行评价因子隶属度的综合判别的批量处理，得到危险性评价分级结果(图 3.17)。

图 3.17　基于小流域尺度的巴南区 2017 年公路洪灾危险等级分区

根据小流域尺度的巴南区公路洪灾危险等级分区结果，巴南区各小流域的洪灾危险等级以微度危险和低度危险为主，从面积占比来看，微度危险区域和低度危险区域分别占总面积的 34.78% 和 33.96%，中度危险区域占总面积的 27.05%，高度危险区域占总面积的 4.21%。从空间分布来看，高度危险的流域主要分布于巴南区西北部的李家沱街道、花溪街道及龙洲湾街道，在巴南区东北部的木洞镇和麻柳嘴镇也出现了少量高度危险流域。这些流域内河网密集，地势较低，人类活动强度高，植被覆盖度低，在发生暴雨时极易发生洪水灾害。巴南区小流域危险等级区面积及占比如表 3.13 所示。

表 3.13　巴南区小流域危险等级区面积及占比

危险等级	面积/km²	占比/%
微度危险(Ⅰ)	637.92	34.78
低度危险(Ⅱ)	622.86	33.96
中度危险(Ⅲ)	496.13	27.05
高度危险(Ⅳ)	77.31	4.21

3) 精度检验

模型结果检验采用全数检验法进行验证。全数检验法是对每一个单元的模拟数据进行检验，可信度较高。将巴南区地质灾害历史发育数据作为检验数据，根据历史灾害次数将检验样本与模拟样本进行叠加，得到模拟样本和检验样本的混淆矩阵(表 3.14)，根据各等级模拟精度求得模型平均模拟精度为 0.7631。

表 3.14　模型验证混淆矩阵

样本和危险等级		模拟样本				
		微度危险(Ⅰ)	低度危险(Ⅱ)	中度危险(Ⅲ)	高度危险(Ⅳ)	综合
检验样本	微度危险(Ⅰ)	0.8130	0.0641	0.1102	0.0126	0.9999
	低度危险(Ⅱ)	0.1507	0.7555	0.0750	0.0187	0.9999
	中度危险(Ⅲ)	0.1366	0.0991	0.7499	0.0143	0.9999
	高度危险(Ⅳ)	0.0858	0.0931	0.0873	0.7338	1.0000
	模拟精度	0.8130	0.7555	0.7499	0.7338	0.7631

3.4.3　基于镇域尺度的危险性评价

基于格网尺度的评价过程充分考虑了区域自然条件分布的不均匀性，其评价结果精度更高，基于小流域尺度的评价是在一个完整自然生态过程的自然单元上进行分析评价的，其过程保留了孕灾环境的完整性与数据的连贯性，更符合危险性评价的定义。从灾害管理的角度来看，基于行政单元的评估相较于基于自然单元的评估在实际应用中更加有效，实用性更强。基于镇域尺度的危险性评价，便于决策者与管理者开展公路洪灾预防，使相应灾害防治与管理措施更加有针对性，以此保证有限的资源得到合理的分配。

1. 镇域指标数据

基于巴南区各项指标数据，采用 ArcGIS 分区统计工具，统计输出各镇(街道)的平均量化值，得出镇域指标的空间分布状况(图 3.18)。

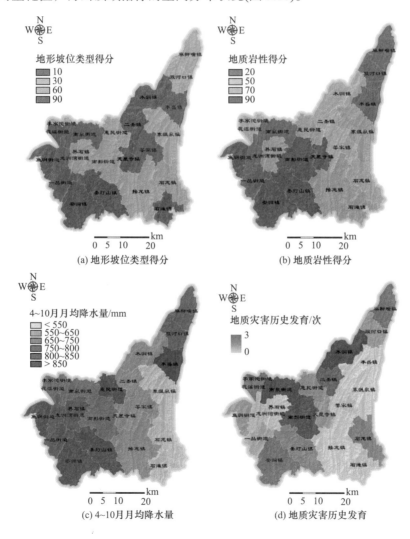

(a) 地形坡位类型得分　　　　　　　(b) 地质岩性得分

(c) 4~10月月均降水量　　　　　　　(d) 地质灾害历史发育

图 3.18　巴南区 2017 年镇域各指标数据空间分布图

2. 危险性评价与分区

与小流域尺度的评价相同,基于镇域尺度的评估同样简化了各单元的信息,使得样本信息大大减少,增加了评估结果的非确定性。采用可变模糊优选模型构建镇域尺度的危险性评价方法,依据各指标分级标准(表3.8),在 MATLAB 中计算镇(街道)各指标的隶属函数,根据计算得到的组合权重(表3.12)计算隶属度的大小,按照"取大"的原则判断各镇(街道)隶属度的等级,进而得到巴南区的洪灾危险性等级。镇域尺度评价中,以每一个行政镇作为评价单元,其评价指标的信息损失较大,因此评价的精度较低。巴南区各镇(街道)公路洪灾危险性等级分区如图 3.19 所示。

图 3.19　巴南区各镇(街道)2017 年公路洪灾危险性等级分区

从各镇(街道)公路洪灾危险性等级分区结果来看,巴南区北部危险等级较南部更高,在巴南区 22 个镇(街道)中有 5 个微度危险镇(街道),8 个低度危险镇(街道),6 个中度危险镇(街道),3 个高度危险镇(街道)。各镇(街道)的灾害管理部门在洪灾预防管理时,应根据各镇的危险性等级差异,采取力度不同的防灾预警管理措施,按需分配资源,有针对性地投入灾害管理财力、物力和人力等。巴南区各镇(街道)公路洪灾危险性等级如表 3.15 所示。

表 3.15　巴南区各镇(街道)公路洪灾危险性等级

镇(街道)	危险性等级	镇(街道)	危险性等级
李家沱街道	高度危险(Ⅳ)	二圣镇	低度危险(Ⅱ)
花溪街道	高度危险(Ⅳ)	天星寺镇	低度危险(Ⅱ)
鱼洞街道	中度危险(Ⅲ)	接龙镇	微度危险(Ⅰ)
南泉街道	低度危险(Ⅱ)	木洞镇	中度危险(Ⅲ)
龙洲湾街道	高度危险(Ⅳ)	姜家镇	低度危险(Ⅱ)
一品街道	微度危险(Ⅰ)	麻柳嘴镇	中度危险(Ⅲ)
界石镇	低度危险(Ⅱ)	双河口镇	低度危险(Ⅱ)
安澜镇	低度危险(Ⅱ)	丰盛镇	中度危险(Ⅲ)
惠民街道	中度危险(Ⅲ)	东温泉镇	低度危险(Ⅱ)
南彭街道	中度危险(Ⅲ)	石龙镇	微度危险(Ⅰ)
圣灯山镇	微度危险(Ⅰ)	石滩镇	微度危险(Ⅰ)

第 4 章　山区公路洪灾风险评估与预警

4.1　山区公路洪灾易损性评价

4.1.1　公路洪灾承灾体类型与价值核算

1. 公路洪灾承灾体类型

洪灾对人类社会的影响是多方面的,归纳起来可分为生命影响(人的死亡与失踪、伤残、精神伤害与心理伤害)、经济影响(农业损失、交通的影响、水利工程的破坏、城市和工业的影响)、社会影响(社会发展影响、政治稳定影响)和资源与环境影响(耕地的破坏、水坏境影响、生态环境影响)等。对于公路洪灾,其承灾体主要有沿河公路、边坡公路、小桥涵和平原公路等四大类。

2. 公路洪灾承灾体抗毁能力分析

公路洪灾承灾体抗毁能力大小不一,在研究中需要结合不同危险等级的洪灾对各承灾体的破坏程度,以及相关研究成果和研究区公路洪灾承灾体特征确定承灾体的抗毁能力。因此,为了合理评价公路洪灾承灾体的抗毁能力,需要综合考虑公路洪灾等级的差异性和致灾因子的分级性,据此提出公路洪灾承灾体抗毁能力等级划分方案。

本节基于西南地区公路洪灾现场调查和资料分析,提出公路洪灾承灾体抗毁能力等级划分方案,如表 4.1 所示。表中将公路洪灾承灾体抗毁能力等级分为极弱、弱、一般、强四级,并利用专家系统方法,得出了每级洪灾的危险性分值。

表 4.1　公路洪灾承灾体抗毁能力等级划分

公路洪灾承灾体抗毁能力等级	危险性分值/%
极弱	<60
弱	60~80
一般	80~90
强	≥90

1) 沿河公路抗毁能力分析

沿河公路的抗毁能力很大程度上取决于其自身的强度及稳定性。影响公路路基抗毁能力的因素可以从以下几个方面来分析。

(1) 路基填料类型(u_1)：路基填料的好坏直接影响路基的稳定情况。对于沿河路基，路基填料不仅要考虑承载能力，还要考虑其渗透性能以及抗冲刷能力。

(2) 拔河高度(u_2)：当洪水水位超过路面标高时，洪水漫过路面，造成路面淹没，此外浸水路面受到水的浮力、侧向压力及冲刷作用，特别是淹没后急速退水产生的负压力和冲刷，还有可能引起路面毁损。

(3) 路基边坡迎水面坡度(u_3)：护坡和挡土墙等防护建筑物迎水面的倾斜度，即边坡系数 m，是影响凹岸最大冲刷深度 h_{max} 的重要参数。增大边坡系数可以有效降低冲坑深度和冲坑范围。当 $m=0$ 而其他条件不变时，冲刷深度达到最大，随着 m 逐渐增大，冲刷深度逐渐减小。一般在边壁垂直条件下($m=0$)，利用最大冲刷深度乘上一个边坡减冲折减系数 k 来反映边坡系数 m 对冲刷深度的影响。

(4) 养护措施(u_4)：路面养护对路面抗毁能力有重要作用。应建立混凝土路面的日常养护制度，研究和制定修复各种病害的方法、工艺，配置相应的养护设备，严格进行规范化养护；养护及时得当，有利于提高路面的抗毁能力。

(5) 使用年限(u_5)：路龄是影响抗毁能力的一个主要因素。随着路龄的增长，路基路面的承载能力逐渐减弱，沿河路基的防护工程，如路沿砌石、挡土墙背和基础经雨水长年累月地不断冲刷，掏空、剥蚀等缺陷不断加剧，抗洪能力逐渐减弱。

(6) 路基防护措施(u_6)：常用的路基防护构造物主要有护坡、挡土墙，护坦、丁坝及它们的组合形式。沿河路基长期受水流的冲刷、冲击和撞击，防护形式选择不当与平面布置不合理是造成水毁的重要原因。

沿河公路抗灾能力等级划分如表 4.2 所示。

表 4.2　沿河公路抗灾能力等级划分

公路洪灾等级	影响因素	特性描述	抗毁能力等级
小	路基填料类型	漂(块)石土、卵石土、砾类土和碎石土等；均匀、不易风化的硬质块石	强
		级配良好、透水性较好的砂、砾土类	一般
	拔河高度/m	5～7	强
	拔河高度/m	3～5	一般
	路基边坡迎水面坡度/%	$m > 1.25$	强
		$0.75 < m \leqslant 1.25$	一般
	养护措施	路面养护维修较为及时，治理措施可行	强
		临时的路面养护维修及治理措施	一般

续表

公路洪灾等级	影响因素	特性描述	抗毁能力等级
小	使用年限/年	3～7	强
		7～10	一般
	路基防护措施	路基防护形式、设计参数、结构强度较为合理	强
		路基防护形式、设计参数、结构强度一般	一般
中	路基填料类型	漂(块)石土、卵石土、砾类土和碎石土等；均匀、不易风化的硬质块石	强
		级配良好、透水性较好的砂、砾土类	一般
		黏质土或粉质土	弱
	拔河高度/m	≥7	强
		5～7	一般
		3～5	弱
	路基边坡迎水面坡度/%	$m > 1.25$	强
		$0.75 < m \leqslant 1.25$	一般
		$0 < m \leqslant 0.75$	弱
	养护措施	路面养护维修较为及时，治理措施可行	强
		临时的路面养护维修及治理措施	一般
		养护维修不及时，治理措施不合理	弱
	使用年限/年	3～7	强
		7～10	一般
		≥10	弱
	路基防护措施	路基防护形式、设计参数、结构强度较为合理	强
		路基防护形式、设计参数、结构强度一般	一般
		无路基防护措施	弱
大	路基填料类型	均匀、不易风化的硬质块石	一般
		漂(块)石土、卵石土、砾类土和碎石土等	弱
	路基填料类型	级配良好、透水性较好的砂、砾土类；黏质土或粉质土	极弱
	拔河高度/m	≥7	一般
		5～7	弱
		≤5	极弱

公路洪灾等级	影响因素	特性描述	抗毁能力等级
大	路基边坡迎水面坡度/%	$m>2.0$	一般
		$1.25<m\leq2.0$	弱
		$m\leq1.25$	极弱
	养护措施	路面养护维修及时，治理措施合理	一般
		路面养护维修较为及时，治理措施可行	弱
		临时的路面养护维修及治理措施	极弱
	使用年限/年	≤3	一般
		$3\sim7$	弱
		≥7	极弱
	路基防护措施	路基防护形式、设计参数、结构强度均合理	一般
		路基防护形式、设计参数、结构强度较为合理	弱
		路基防护形式、设计参数、结构强度不合理	极弱
极大	路基填料类型	均匀、不易风化的硬质块石	弱
		漂(块)石土、卵石土、砾类土和碎石土等	极弱
	拔河高度/m	≥7	弱
		$5\sim7$	极弱
	路基边坡迎水面坡度/%	$m>2.0$	弱
		$1.25<m\leq2.0$	极弱
	养护措施	路面养护维修及时，治理措施合理	弱
		路面养护维修较为及时，治理措施可行	极弱
	使用年限/年	≤3	弱
		$3\sim5$	极弱
	路基防护措施	路基防护形式、设计参数、结构强度均合理	弱
		路基防护形式、设计参数、结构强度较为合理	极弱

2) 边坡公路抗毁能力分析

边坡公路的抗毁能力取决于自身的特性和稳定性，除了应考虑与沿河公路的路基填料类型、养护措施、使用年限几个相同的因素，还应考虑其他几个方面。

(1) 路基填料类型(u_1)：路基填料的好坏直接影响路基的稳定情况。对于山区公路，路基填料不仅要考虑承载能力，还要考虑散体滑坡和坡面泥石流的推挤力，因此路基填料类型会影响山区公路路基的稳定性。

(2) 边坡坡度(u_2)：山区公路所在边坡的坡度会影响山区公路洪灾发生时路基的稳定性，坡度越大，路基稳定性越差；此外，相对坡度越大，公路上边坡越容易发生散体滑坡和坡面泥石流，其产生的推挤力越容易毁坏路基路面，堆积物掩埋路面，阻碍交通甚至发生交通断道。

(3) 断面形式(u_3)：优化的横纵断面设计可以有效避免其他方面的"先天不足"。山区公路主要的公路断面形式是全挖、半填半挖、全填路堤路基，不同的断面形式可承受不同路面荷载。此外，路线线型与标准是一对矛盾体，山区公路尤为突出，为避免占用农田，达到较高的线型标准，一般采用沿溪线，往往以路为堤，其代价就是增加土石方和防护工程量，还容易遭受超过设计频率的洪水而造成水毁。

(4) 养护措施(u_4)：路面养护对路面抗毁能力有重要作用，应建立混凝土路面的日常养护制度，研究和制定修复各种病害的方法、工艺，配置相应的养护设备，严格进行规范化养护；养护及时得当，有利于提高路面的抗毁能力。

(5) 使用年限(u_5)：路龄是影响抗毁能力的一个主要因素。山区路基的大填大挖破坏了自然的生态平衡，边坡溜方和水土流失难免发生。随着使用年限的增长，边坡公路路基路面的承载能力逐渐下降，抗毁能力逐渐减弱。

(6) 路面宽度(u_6)：山区公路的路面宽度会影响洪灾发生时因公路上边坡坍塌、滑动以及流水冲击形成的路面堆积物对山区公路交通的阻断水平，路面越宽，可容纳的堆积物越多，其抗阻断能力越强；相反，路面越窄，可容纳的堆积物越少，其抗阻断能力越弱。

边坡公路抗灾能力等级划分如表 4.3 所示。

表 4.3　边坡公路抗灾能力等级划分

公路洪灾等级	影响因素	特性描述	抗毁能力等级
小	路基填料类型	漂(块)石土、卵石土、砾类土和碎石土等；均匀、不易风化的硬质块石	强
		级配良好、透水性较好的砂、砾土类	一般
	边坡坡度/(°)	50～60	强
		60～70	一般
	断面形式	半填半挖	强
		填方路基	一般
	养护措施	路面养护维修较为及时，治理措施可行	强
		临时的路面养护维修及治理措施	一般
	使用年限/年	3～7	强

公路洪灾等级	影响因素	特性描述	抗毁能力等级
小	路面宽度/m	7～10	一般
		6.5～7	强
		6～6.5	一般
中	路基填料类型	漂(块)石土、卵石土、砾类土和碎石土等；均匀、不易风化的硬质块石	强
		级配良好、透水性较好的砂、砾土类	一般
		黏质土或粉质土	弱
	边坡坡度/(°)	50～60	强
		60～70	一般
		≥70	弱
	断面形式	全挖路基	强
		半填半挖	一般
		填方路基	弱
	养护措施	路面养护维修较为及时，治理措施可行	强
		临时的路面养护维修及治理措施	一般
		养护维修不及时，治理措施不合理	弱
	使用年限/年	≤3	强
		3～7	一般
		7～10	弱
	路面宽度/m	≥7	强
		6.5～7	一般
		6～6.5	弱
大	路基填料类型	均匀、不易风化的硬质块石	一般
		漂(块)石土、卵石土、砾类土和碎石土等	弱
		级配良好、透水性较好的砂、砾土类；黏质土或粉质土	极弱
	边坡坡度/(°)	50～60	一般
		60～70	弱
		≥70	极弱
	断面形式	全挖路基	一般
		半填半挖	弱

续表

公路洪灾等级	影响因素	特性描述	抗毁能力等级
大	断面形式	填方路基	极弱
	养护措施	路面养护维修及时, 治理措施合理	一般
		路面养护维修较为及时, 治理措施可行	弱
		临时的路面养护维修及治理措施	极弱
	使用年限/年	≤3	一般
		3～7	弱
		7～10	极弱
	路面宽度/m	≥7	一般
		6.5～7	弱
		6～6.5	极弱
极大	路基填料类型	均匀、不易风化的硬质块石	弱
		漂(块)石土、卵石土、砾类土和碎石土等	极弱
	边坡坡度/(°)	50～60	弱
		60～70	极弱
	断面形式	全挖路基	弱
		半填半挖	极弱
	养护措施	路面养护维修及时, 治理措施合理	弱
		路面养护维修较为及时, 治理措施可行	极弱
	使用年限/年	≤3	弱
		3～7	极弱
	路面宽度/m	≥7	弱
		6.5～7	极弱

3) 小桥涵抗毁能力分析

小桥涵是公路综合排水系统中的一个重要组成部分, 小桥涵抵御洪水的能力直接影响整条公路的使用性能。通过对小桥涵野外调研, 查阅室内试验资料发现, 影响小桥涵抗毁能力的因素主要包括以下几方面。

(1) 冲刷深度(u_1)。

随着冲刷深度的增加, 小桥涵抗滑稳定性和抗倾覆能力都会降低, 并且冲刷深度超过小桥涵埋深后, 洪水会破坏小桥涵的基础, 降低地基承载力, 甚至会导致基础悬空。因此, 冲刷深度是影响小桥涵抗毁能力的重要因素。

(2) 位置(u_2)。

小桥涵的位置选择恰当与否，直接关系到路基的稳定性、排水质量以及工程造价，因此合理选择小桥涵的位置是小桥涵设计的重要步骤。为保证小桥涵位置合理，应满足以下条件：

① 小桥涵位置应服从路线的走向。单个小桥涵的工程数量不大，因此小桥涵位置是在路线走向基本确定的情况下选择的，只有在特殊的情况下(如遇到深沟、大洼)才进一步权衡利弊，在不降低路线标准的条件下局部调整路线，使其从较好的小桥涵位置通过。

② 路线通过地区不会因小桥涵设置不当而造成排洪不畅、冲毁路基、积水淹田或使农业灌溉和正常交通受到影响。

③ 小桥涵的位置和方向设置要做到"进口要顺，水流要稳"，不发生斜流、漩涡等现象，以免冲毁洞口。

④ 桥位的选择应尽量使两岸岸头土石方较少，利于路线衔接，避开不良的地质地段。

(3) 消能措施(u_3)。

在天然河沟纵坡坡度大于15%时，通常需要设置陡坡涵，陡坡涵的进出口坡度陡、水势猛、水流急，为了保证路基和小桥涵的稳定，经常需要修建各种特殊的陡坡水工建筑物，进而引导和消减水流的能量，急流槽内应设置人工粗糙面进行消能，在急流槽末端和涵洞的进出口处应设置跌水、消力池、挑坎等消能工程。同时要注意各种排水设施应衔接良好。

(4) 过流能力(u_4)。

小桥涵的过流能力直接关系到洪水来临时小桥涵的排洪性能，应根据设计洪水流量、河床的地质情况、河流的形态特征以及小桥涵进出口形式所允许的平均流速条件，确定合理的小桥涵孔径，使小桥涵足以宣泄设计洪水流量，并保证桥前壅水不致过高。同时，桥下、涵洞内的水流流速不致冲刷河床或结构物。

(5) 进出口形式(u_5)。

涵洞的洞口形式多样，构造多变，十分灵活。根据涵洞的类型、河沟的水流特点、地形及路基的断面形式，因地制宜选择适宜的洞口形式，做好进出口处理，这对确保涵洞及路基的稳定、水流的通畅有着重要的作用。常用涵洞洞口形式有以下几种。

① 正八字翼墙洞口：为重力墙式结构，特点是构造简单，建筑结构较美观，常用于河沟平坦顺直、无明显沟槽，且沟底与涵底高差变化不大的情况。当墙身较高(一般大于5m)时，圬工体积增加较大，经济性较差。

② 斜八字翼墙洞口：当涵洞与路线呈斜角时，应采用斜八字翼墙洞口，有两

种做法，一种是斜做洞口，另一种是正做洞口。

③ 端墙式洞口：在涵台的两端修建一垂直于台身，并与台身同高的矮墙(又称为一字墙)，端墙配锥形护坡是一种较为常见的洞口，常应用于宽浅河沟和孔径压缩较大的情况，当墙较高(一般大于 5m 时)，其稳定性和经济性比八字翼墙更好，因此更适用于涵台较高的涵洞。除此之外，其灵活性也比八字翼墙更好。

④ 跌水井洞口：当天然河沟纵坡坡度大于 50%、路基纵断面设计不能满足涵洞建筑高度要求、涵洞进口开挖大以及天然河槽与洞口高差较大时，为使沟槽和路基边沟与涵洞进口连接，常采用跌水井洞口形式。

⑤ 扭坡式洞口：为使洞口与人工灌溉渠道水流顺畅，避免产生过大的水头损失，减少冲刷和淤积，将一段变边坡的过渡段设于洞口与渠道之间，即构成扭坡式洞口，进口收缩过渡段的长度一般为渠道水深的 4~6 倍，出口扩散段还应适当加长，可依据经验公式确定。

(6) 输沙抗淤能力(u_6)。

小桥涵输沙抗淤能力对小桥涵过流能力有较大的影响，小桥涵输沙抗淤能力与小桥涵内的水流速度密切相关，小桥涵内的水流速度越大，小桥涵输沙抗淤能力越强。

按照在河槽内的运动情况，泥沙可分为悬移质、推移质和床沙三类，悬移质、推移质、床沙三者之间的粒径大小分界与水流速度有关。在平原地区，水流所携带的泥沙往往悬移质占绝大部分，水流的挟沙力常用最大悬移质的含沙量来表示。起动流速是推移质产生运动的条件，而推移质的输沙率表示推移质运动的强烈程度。

将小桥涵抗毁能力的各个影响因子进行分级，每个等级的抗毁特性如表 4.4 所示。

表 4.4　小桥涵抗毁能力等级划分

公路洪灾等级	影响因子	特性描述	抗毁能力等级
小	冲刷深度	冲刷深度≤1/4 基础埋深	强
		冲刷深度>1/4 基础埋深	一般
	过流能力	小桥涵的实际过水面积小于20%的设计排水面积，上部结构底标高与设计计算水位相同，或孔径小于规定值的 10%~20%	强
		小桥涵的实际过水面积大于20%的设计排水面积，上部结构底标高与设计计算水位相同，或孔径小于规定值的 10%~20%	一般

公路洪灾等级	影响因子	特性描述	抗毁能力等级
小	输沙抗淤能力	小桥涵内有一定数量的泥沙淤积，纵坡偏小，水流通过时不顺畅，洞内有积水	强
		小桥涵内有大量的泥沙淤积，洞内积水，并且淤积的泥沙严重影响水流通过	一般
	位置	孔涵位置偏置，水流调治构造物短缺，或调治构造物有局部缺损，河床发生严重的不利变形	强
		孔涵位置偏置，无必要的水流调治构造物	一般
	消能措施	进出口未设置必要的防护与消能措施，深基础的冲刷深度线在规定的基底最小埋深安全值的30%～60%，浅基础的防护体缺损明显，或防护周边的冲刷深度线在规定的基底最小埋深安全值的30%～60%	强
		深基础的冲刷深度线在规定的基底最小埋深安全值的 60%以上，浅基础的小桥涵未设防护体，防护周边的冲刷深度线在规定的基底最小埋深安全值的60%以上	一般
	进出口形式	进出口采用的形式与地形、洞口以及天然沟渠连接不顺畅，洞口有局部破损，发生微倾移	强
		进出口采用的形式与地形、水流条件不相适应，水流不通畅，洞口有局部破损，发生局部倾移	一般
中	冲刷深度	冲刷深度≤1/2 基础埋深	强
		1/2 基础埋深＜冲刷深度≤3/4 基础埋深	一般
		冲刷深度＞3/4 基础埋深	弱
	过流能力	小桥涵的实际过水面积满足设计要求，上部结构底标高与设计计算水位相同，或孔径偏小但不超过规定值的10%	强
		小桥涵的实际过水面积小于20%的设计排水面积，上部结构底标高与设计计算水位相同，或孔径小于规定值的 10%～20%	一般
		小桥涵的实际过水面积大于20%的设计排水面积，上部结构底标高与设计计算水位相同，或孔径小于规定值的 10%～20%	弱
	输沙抗淤能力	小桥涵内有少量的泥沙淤积，洞内纵坡基本合适，洞内无积水	强
		小桥涵内有一定数量的泥沙淤积，纵坡偏小，水流通过时不顺畅，洞内有积水	一般
		小桥涵内有大量的泥沙淤积，洞内积水，并且淤积的泥沙严重影响水流通过	弱

续表

公路洪灾等级	影响因子	特性描述	抗毁能力等级
中	位置	孔涵位置基本合理，设置了相应的调治构造物，其基础冲刷线在基底最小埋深安全值的30%以内，或调治构造物有局部缺损，河床无大的不利变形	强
		孔涵位置偏置，水流调治构造物短缺，或调治构造物有局部缺损，河床发生严重的不利变形	一般
		孔涵位置偏置，无必要的水流调治构造物	弱
	消能措施	设置了部分进出口加固及消能措施；深基础的冲刷深度线在规定的基底最小埋深安全值的30%以上，浅基础的防护体有局部缺损，防护周边的冲刷深度线在规定的基底最小埋深安全值的30%以内	强
		进出口未设置必要的防护与消能措施，深基础的冲刷深度线在规定的基底最小埋深安全值的30%~60%，浅基础的防护体缺损明显，或防护周边的冲刷深度线在规定的基底最小埋深安全值的30%~60%	一般
		深基础的冲刷深度线在规定的基底最小埋深安全值的60%以上，浅基础的小桥涵未设防护体，防护周边的冲刷深度线在规定的基底最小埋深安全值的60%以上	弱
	进出口形式	进出口采用的形式与地形、水流条件基本相适应，水流较为通畅，洞口有局部破损，无倾移	强
		进出口采用的形式与地形、洞口以及天然沟渠连接不顺畅，洞口有局部破损，微倾移	一般
		进出口采用的形式与地形、水流条件不相适应，水流不通畅，洞口有局部破损，发生局部倾移	弱
大	冲刷深度	冲刷深度≤1/4基础埋深	一般
		1/4基础埋深<冲刷深度≤1/2基础埋深	弱
		冲刷深度<1/2基础埋深	极弱
	过流能力	小桥涵的实际过水面积满足设计要求，桥下净空高度和最小孔径应符合规定要求	一般
		小桥涵的实际过水面积满足设计要求，上部结构底标高与设计计算水位相同，或孔径偏小但不小于规定值的10%	弱
		上部结构底标高与设计计算水位相同，或孔径小于规定值的10%~20%	极弱
	输沙抗淤能力	小桥涵内无泥沙淤积，来沙量大时，进口上游设有拦沙坝；上游水流与小桥涵进口连接顺畅，洞内无积水，洞中底面平顺，并有适当的纵坡	一般
		小桥涵内有少量的泥沙淤积，洞内纵坡基本合适，洞内无积水	弱

公路洪灾等级	影响因子	特性描述	抗毁能力等级
大	输沙抗淤能力	小桥涵内有一定数量的泥沙淤积,纵坡偏小,水流通过时不顺畅,洞内有积水	极弱
	位置	孔涵位置合理,水流调治构造物设置合理、齐全	一般
		孔涵位置基本合理,设置了相应的调治构造物,其基础冲刷线在基底最小埋深安全值的30%以内,或调治构造物有局部缺损,河床无大的不利变形	弱
		孔涵位置偏置,水流调治构造物短缺,或调治构造物有局部缺损,河床发生严重的不利变形	极弱
	消能措施	设置了合适的进出口加固及消能的措施;深基础的冲刷深度线在设计的冲刷线以上,浅基础已进行冲刷防护,防护周边的基础深度线在设计冲刷线以上	一般
		设置了部分进出口加固及消能措施;深基础的冲刷深度线在规定的基底最小埋深安全值的30%以上,浅基础的防护体有局部缺损,防护周边的冲刷深度线在规定的基底最小埋深安全值的30%以内	弱
		进出口未设置必要的防护与消能措施,深基础的冲刷深度线在规定的基底最小埋深安全值的30%~60%,浅基础的防护体缺损明显,或防护周边的冲刷深度线在规定的基底最小埋深安全值的30%~60%	极弱
	进出口形式	进出口采用的形式与地形、水流条件相适应,水流通畅,洞口无破损,无倾移	一般
		进出口采用的形式与地形、水流条件基本相适应,水流较为通畅,洞口有局部破损,无倾移	弱
		进出口采用的形式与地形、洞口以及天然沟渠连接不顺畅,洞口有局部破损,微倾移	极弱
极大	冲刷深度	冲刷深度≤1/4基础埋深	弱
		冲刷深度>1/4基础埋深	极弱
	过流能力	小桥涵的实际过水面积基本满足设计要求,桥下净空高度和最小孔径刚好符合规定要求	弱
		小桥涵的实际过水面积满足设计要求,上部结构底标高与设计计算水位相同,或孔径偏小但不小于规定值的10%	极弱
	输沙抗淤能力	小桥涵内无泥沙淤积,来沙量大时,进口上游设有拦沙坝;上游水流与小桥涵进口连接顺畅,洞内无积水,洞中底面平顺,并有适当的纵坡	弱
		小桥涵内有少量的泥沙淤积,洞内纵坡基本合适,洞内无积水	极弱

续表

公路洪灾等级	影响因子	特性描述	抗毁能力等级
极大	位置	孔涵位置合理，水流调治构造物设置合理、齐全	弱
		孔涵位置基本合理，设置了相应的调治构造物，其基础冲刷线在基底最小埋深安全值的30%以内，或调治构造物有局部缺损，河床无大的不利变形	极弱
	消能措施	设置了合适的进出口加固及消能的措施；深基础的冲刷深度线在设计的冲刷线以上，浅基础已进行冲刷防护，防护周边的基础深度线在设计冲刷线以上	弱
		设置了部分进出口加固及消能措施；深基础的冲刷深度线在规定的基底最小埋深安全值的30%以上，浅基础的防护体有局部缺损，防护周边的冲刷深度线在规定的基底最小埋深安全值的30%以内	极弱
	进出口形式	进出口采用的形式与地形、水流条件相适应，水流通畅，洞口无破损，无倾移	弱
		进出口采用的形式与地形、水流条件基本相适应，水流较为通畅，洞口有局部破损，无倾移	极弱

4) 平原公路抗毁能力分析

平原公路在洪水的作用下破坏模式主要表现为路基沉陷，因此平原公路的抗毁能力主要受路堤高度、路基边坡坡角、压实度、路基材料、排水系统和路面透水能力等六个因素影响。

(1) 路堤高度(u_1)。

在相同的条件下，路堤越高，路堤在其自重的作用下产生的沉降越大。当平原公路遭受洪水或降雨时，路堤越高，其内部的存水量就会越多，因此路基的沉降就会越大，并且路堤过高，施工质量会变得较难控制。

(2) 路基边坡坡角(u_2)。

路基边坡坡角是控制路基稳定性的一个重要因素，路基边坡坡角越大，其稳定性越差；相反，路基边坡坡角越小，其稳定性越好。因此，为了保证平原公路在暴雨的作用下依然稳定，可以适当减小路基边坡坡角。

(3) 压实度(u_3)。

压实度是控制道路施工质量的一个重要指标，不同等级的公路规范规定的压实度不同，公路等级越高，其压实度越高。压实度也反映了路基的密实状态，压实度越高，路基越密实，即路基中的孔隙越少；相反，压实度越低，路基越疏松，即路基中的孔隙越多。因此，压实度越高，能进入路基的水就越少，路基的抗毁能力越强。

(4) 路基材料(u_4)。

路基材料不同，其抗毁能力就不同。当路基为基岩时，路基具有强度高、孔隙少、渗透系数低等特点，此时基岩路基的抗毁能力就很高；相反，当路基为黏性土时，路基具有强度低、孔隙大、亲水性强等特点，此时黏性土路基的抗毁能力就比较低。

(5) 排水系统(u_5)。

排水系统是公路的重要组成部分。当平原公路遭受洪水或强降雨时，排水系统完善的公路可以及时将公路范围内的水排出，进而达到保护公路的目的；排水系统不完善的公路，水就会冲击或聚集在公路上，对公路造成破坏。因此，排水系统是影响平原公路抗毁能力的一个重要因素。

(6) 路面透水能力(u_6)。

路面透水能力对平原公路的抗毁能力也有一定的影响。当路面透水能力较弱时，洪水或雨水将会经路面直接进入排水系统排出公路范围，不会对公路造成较大的破坏；当路面透水能力较强时，洪水或雨水会经路面渗入路基中，进而导致路基的稳定性降低甚至被破坏。

平原公路抗毁能力等级划分如表 4.5 所示。

表 4.5　平原公路抗毁能力等级划分

公路洪灾等级	影响因子	特性描述	抗毁能力等级
小	路堤高度/m	路堤高度≤9	强
		路堤高度>9	一般
	路基边坡坡角/(°)	路基边坡坡角≤60	强
		路基边坡坡角>60	一般
	压实度/%	压实度>94	强
		压实度≤94	一般
	路基材料	基岩、碎石土、砂土	强
		黏性土	一般
	排水系统	排水系统基本完善	强
		排水系统不完善	一般
	路面透水能力	路面透水能力一般及以下	强
		路面透水能力强	一般
中	路堤高度/m	路堤高度≤6	强
		6<路堤高度≤9	一般
		路堤高度>9	弱

续表

公路洪灾等级	影响因子	特性描述	抗毁能力等级
中	路基边坡坡角/(°)	路基边坡坡角≤45	强
		45<路基边坡坡角≤60	一般
		路基边坡坡角>60	弱
	压实度/%	压实度>95	强
		94<压实度≤95	一般
		压实度≤94	弱
	路基材料	基岩、碎石土	强
		砂土	一般
		黏性土	弱
	排水系统	排水系统完善和基本完善	强
		排水系统不完善	般
		无排水系统	弱
	路面透水能力	路面透水能力弱	强
		路面透水能力一般	一般
		路面透水能力强	弱
大	路堤高度/m	路堤高度≤6	一般
		6<路堤高度≤9	弱
		路堤高度>9	极弱
	路基边坡坡角/(°)	路基边坡坡角≤45	一般
		45<路基边坡坡角≤60	弱
		路基边坡坡角>60	极弱
	压实度/%	压实度>95	一般
		94<压实度≤95	弱
		压实度≤94	极弱
	路基材料	基岩、碎石土	一般
		砂土	弱
		黏性土	极弱
	排水系统	排水系统完善和基本完善	一般
		排水系统不完善	弱

公路洪灾等级	影响因子	特性描述	抗毁能力等级
大	排水系统	无排水系统	极弱
	路面透水能力	路面透水能力弱	一般
		路面透水能力一般	弱
		路面透水能力强	极弱
极大	路堤高度/m	路堤高度≤6	弱
		路堤高度>6	极弱
	路基边坡坡角/(°)	路基边坡坡角≤45	弱
		路基边坡坡角>45	极弱
	压实度/%	压实度>95	弱
		压实度≤95	极弱
	路基材料	基岩、碎石土	弱
		砂土、黏性土	极弱
	排水系统	排水系统完善和基本完善	弱
		排水系统不完善和无排水系统	极弱
	路面透水能力	路面透水能力弱	弱
		路面透水能力一般及以上	极弱

3. 承灾体价值核算

1) 自然灾害承灾体价值核算主要方法

为了进行灾害的风险评估,常需要将承灾体量化为货币值或者从整体角度进行评估。对于价值计算,目前主要有单一要素特征值计算方法、效用函数方法、经验公式方法和地区总体定性评估方法等。在单一要素特征值计算方法中,承灾体的值等于每个单一要素特征值之和。在公开发表的大多数案例中,对有形物质/经济活动与人类的生活进行了区分,在建筑物等各类构造物实际价值的评估方面,需要考虑到各地区的实际情况。在效用函数方法中,承灾体由效用函数 $u(x)$ 来描述,其中由特定要素造成的社会或人员损失表示为函数,而不是一个单一的值。因此,对每个要素而言,有必要设定社会或个人效用的变化量(如线性、对数、指数变化量等)。效用函数对于决定总体损失成本的复杂条件具有更好的灵活性和适应性。经验公式方法就是利用经验公式来计算承灾体的总体定量值。居民区承灾体总体计算的经验公式如下:

$$W = [R_{\mathrm{m}}(M_{\mathrm{m}} - E_{\mathrm{m}})]N_{\mathrm{ab}} + N_{\mathrm{ed}}C_{\mathrm{ed}} + C_{\mathrm{str}} + C_{\mathrm{morf}} \tag{4.1}$$

式中，W——总体定量值；

　　R_{m}——该地区居民的平均收入；

　　M_{m}——危险区内居民死亡的平均年龄；

　　E_{m}——危险区内居民的平均年龄；

　　N_{ab}——危险区内居民的数量；

　　N_{ed}——该地区内现有房屋的数量；

　　C_{ed}——现有建筑物的平均成本；

　　C_{str}——现有建筑和基础设施的成本；

　C_{morf}——为所造成的地形变化的成本。

　　在分析单一要素的值相当复杂且面积特别大的区域时，应采用地区总体定性评估方法。在该方法中，承灾体参数值的评估是按照不同的分类(物质、财产和人员)进行的，因此可以针对财产和人员计算出不同的风险值。此外，该方法还为环境值和经济值(与经济活动的破坏有关)赋予了各自的特色。为了简化对承灾体价值的评估，可利用几个指数来确定相对值的范围。因此，对于每个承灾体，财产、经济活动和环境均具有相对值指数。若要素(财产和经济活动)能够用货币来评估，则指数值就表示相对成本。

　　2) 公路洪灾承灾体价值核算方法

　　针对公路资产主要类型和空间分布特点，采用高分辨率遥感影像解译方法和实地调研方法获取公路资产类型数据，以此作为公路洪灾承灾体类型和数量统计的依据，将相关数据结果输入 GIS 软件中进行分类统计与制图表达，以获取公路承灾体类型、面积和长度等的计算结果。通常情况下，在小范围内可采用单一要素特征值计算方法对洪灾承灾体进行识别及定值；对于大范围的复杂区域，通常采用地区总体定性评估方法。

　　在公路洪灾承灾体类型划分、承灾体数量提取和实地调查的基础上，采用分类统计方法按照如下核算模型对公路洪灾承灾体灾前价值进行核算：

$$V(u) = \sum E(d_i)F(s_i) \tag{4.2}$$

式中，$V(u)$——公路洪灾承灾体灾前价值；

　　$E(d_i)$——i 类承灾体灾前平均单价；

　　$F(s_i)$——i 类承灾体的实际面积或长度；

　　i——承灾体类型。

　　公路洪灾承灾体损失价值估算是指以公路为研究目标，在其范围内发生不同危险程度洪灾后对公路及其附属设施造成的可能经济损失，即在公路洪灾承灾体类型划分、承灾体数量提取、实地调查、承灾体灾前价值和毁损程度统计分析的基础上，采用分类统计汇总的方法，按照如下估算模型对洪灾不同危险等级区承灾体价值损失进行估算：

$$D(s) = \sum_{i=1}^{n}\sum_{j=1}^{m} E(d_i)F_{ij}G_{ij} \tag{4.3}$$

式中，$D(s)$——公路洪灾财产损失；

$E(d_i)$——i 类承灾体灾前平均单价；

F_{ij}——i 类承灾体发生 j 级损失率的数量；

G_{ij}——i 类承灾体发生 j 级损失率时的平均价值损失率；

i——承灾体类型；

j——承灾体损失等级。

根据评估指标和模型，应用 GIS 软件提供的统计和分析工具，计算洪灾发生时公路及其附属设施受损部分的面积和长度、实际成本价值和洪灾损失。

根据西南地区四省(市)2003～2010 年已发生洪灾各承灾体受损以及修复费用情况，统计分析西南地区公路洪灾各承灾体受损类型、单价和修复费用，如表 4.6 所示。

表 4.6   西南地区公路洪灾各承灾体受损类型单价表

序号	承灾体受损类型		灾前平均单价	修复费用单价
1	路基		55 元/m³	140 元/m
2	路面	沥青路面	150 元/m²	500 元/m
3		水泥路面	120 元/m²	300 元/m
4		沙石路面	20 元/ m²	70 元/m
5	桥梁		31000 元/m	125 万元/座
6	涵洞		20000 元/道	——
7	防护工程	驳岸	65 元/m²	22000 元/处
8		护坡	90 元/m²	5000 元/处
9		挡墙	210 元/m³	23000 元/处
10	坍塌方清理费用		20 元/m³	11000 元/处

4.1.2   承灾体易损性评价指标

承灾体易损是自然灾害研究的核心问题之一，易损性评价也是灾害风险评估研究的重要环节。承灾体在受到不同等级致灾因子的影响时，会发生不同程度的损毁，其损毁程度与承灾体自身的抗灾能力以及承灾体的暴露性相关。易损性是指承灾体在致灾因子的影响下，表现出的易受伤害和损失的性质。因此，易损性的含义包括两方面的内容，一方面是承灾体面对灾害其自身抵御能力的脆弱性特征，承灾体的脆弱性越低，承灾体越不容易受到损坏；另一方面是承灾体在孕灾环境内的暴露性，即发生灾害时承灾体可能发生损毁的损失量，一般包括人口、经济等可以量化的损失量。从这一定义来看，公路洪灾易损性是指公路洪灾承灾体在暴雨、融雪及溃坝等作用下发生损毁的难易程度以及公路及其他主要承灾体在孕灾空间内的暴露程度。

　　承灾体易损性的高低与其自身属性及区域环境密切相关。评价公路洪灾承灾体的易损性需要考虑公路自身的抗灾能力、区域抗灾能力以及人口与财产分布等。本节从公路洪灾易损性的影响因素出发，建立易损性评价指标体系，采用多准则指标评价法，构建易损性评价模型，进而对巴南区公路洪灾易损性进行综合评价，易损性评价流程如图 4.1 所示。

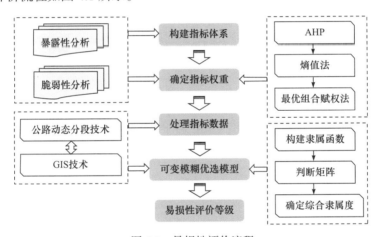

图 4.1　易损性评价流程

　　评价公路洪灾承灾体的易损性，需要考虑公路洪灾承灾体的脆弱性和暴露性两方面的指标。公路洪灾承灾体脆弱性的影响因素主要体现在承灾体的抗灾能力、区域抗灾能力与救灾能力等方面。影响公路洪灾承灾体暴露性的主要因素是各类承灾体在孕灾空间的分布，在分析承灾体的暴露性时，首先需要明确公路洪灾的承灾体的种类。1.1.2 节所介绍的公路洪灾类型是从微观角度出发，将公路洪灾承灾体大致分为四种，以微观角度进行分类的优点是可以更好地认识公路洪灾的类型，便于了解公路洪灾的形成与发展的不同形态特征，系统地分析公路洪灾的形成机理。在对公路洪灾暴露性进行分析时，涉及公路及其所在环境的属性，需要综合、宏观地看待公路洪灾的承灾体类型。宏观的承灾体包括物质承灾体、经济承灾体和社会承灾体三方面。公路洪灾的物质承灾体主要是指洪灾发生时可能造成损失的有形资产，如公路、桥梁等其他基础设施；经济承灾体主要包括灾害对公路运输及相关产业部门的直接或间接影响；社会承灾体主要是指人、自然环境以及公路运行的社会效益。据此，本节参考相关研究，遵循系统性、合理性、针对性、可操作性及指标间互相独立的原则，从承灾体暴露性和承灾体脆弱性等方面考虑，选择相应指标建立公路洪灾承灾体易损性评价指标体系，如图 4.2 所示。

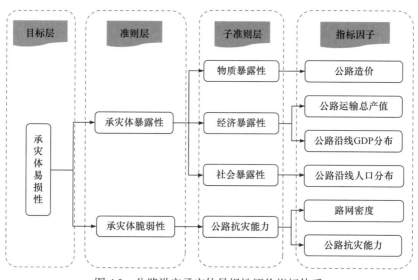

图 4.2　公路洪灾承灾体易损性评价指标体系

1. 承灾体暴露性

1) 物质暴露性

公路造价，正向指标。公路造价包括公路主体、附属设施、设备的价值以及公路的修复和重建费用等。对于公路地质灾害，附属设施和防护措施的价值更具有公路财产的含义，对易损性具有直接影响。区域内公路造价越高，灾害发生后公路及其附属设施的损失越大，其重建成本越高，易损性相应也就越高。

2) 经济暴露性

公路运输总产值，正向指标。公路运输总产值是指公路运营(客运与货运等)所产生的生产总值，它是公路洪灾经济易损性的直接影响因素。公路运输总产值的大小直接影响该区域交通运输、仓储及邮政业等的收益，对区域经济增长有重要的影响。在公路洪灾发生时，公路运输总产值越高，可能带来的经济损失越大，相应的经济易损性就越高。

公路沿线 GDP 分布，正向指标。GDP 密度是指单位面积内产生的生产总值。公路沿线 GDP 分布是指在公路周边一定范围内 GDP 密度与面积的乘积，即公路沿线区域所产生的 GDP。在发生公路洪灾时，一旦公路发生损毁，交通中断，周边区域的生产活动就会受到一定的影响，从而产生经济损失。公路沿线 GDP 分布越多，可能带来的经济损失越大，相应的经济易损性就越高。

3) 社会暴露性

公路沿线人口分布，正向指标。公路沿线人口分布是指单位面积土地上居住的人口数，是反映某一区域范围内人口疏密程度的指标。公路沿线人口分布在一定程度上可以反映该区域人类活动的强度以及社会发展的稳定性。在受到自然灾害影响时，人口分布密集的区域，人口伤亡的数量较高，容易带来一定的恐慌感，对社会稳定性造成影响，其易损性也相应更高。

2. 承灾体脆弱性

公路抗灾能力，逆向指标。在修建公路时，应考虑不同形式的防护措施，不同等级的公路其防护措施的完善程度有一定的差异。公路等级越高，对应的防护措施越完善，抗灾能力越强，易损性越低；反之，公路等级越低，对应的防护措施越不完善，抗灾能力越差，易损性越高。

路网密度，逆向指标。在自然灾害发生后，区域内的抢险救灾能力直接关系人口与经济损失，很大程度上影响社会发展的稳定性。路网密度是指单位面积内公路的总长度，它在一定程度上反映了交通路网的通达能力，同时也反映了区域的抢险救灾能力。在洪水发生时，公路的损毁可能会造成交通中断，若区域内交通路网发达，路网配置科学，则可以通过其他公路对受阻公路进行分流来降低灾害损失，说明区域社会易损性较低。

4.1.3　承灾体易损性评价方法

1. 巴南区

巴南区位于重庆市中心城区的南部，地理位置位于北纬 29°7′45″～29°46′23″、东经 106°25′59″～106°59′58″，东临南川区、涪陵区、长寿区，南与綦江区接壤，西与江津区相邻，北与南岸区、大渡口区、九龙坡区、渝北区、长寿区相接。区境东西宽约 46km，南北长 70km，面积为 1822.84km²。特殊的地形地貌、多雨的自然气候、复杂的地质构造、频发的极端天气以及强烈的人类活动等为巴南区公路洪灾的发生提供了条件。

1) 公路动态分段

传统的公路易损性评价以及公路管理等常以等距分段来划分最小单元，即道路的里程桩间的距离就是研究或管理的最小单元。这种分段方法在公路管理与养护等方面比较科学有效，能够使管理人员快速准确地在道路上进行定位。由分析可知，公路洪灾的发生与孕灾环境有直接的关系，处在不同孕灾环境中的公路，发生洪灾的概率与强度均不同。因此，基于传统等距分割方法得到的公路单元，不能科学有效地划分出公路洪灾的分异状况。考虑到公路洪灾的定义与特征，选择基于自然标志的公路动态分段方法划分研究单元更符合实际情况。本节以小流域单元为标志，运用 ArcGIS 线性参考工具 Linear Referencing 对巴南区公路进行动态分段，分段结果如图 4.3 所示。经过动态分段处理，巴南区公路共分成 4665 个单元，其中，高速公路共 421 段，国道 95 段，省道 595 段，县道 528 段，乡镇村道 1671 段等。

图 4.3　巴南区 2017 年公路动态分段图

2) 指标数据处理

公路洪灾承灾体的数据调查与统计范围包括公路及其邻近环境区域，巴南区多沿溪、江及盘山公路，根据公路所在地的环境特点，数据调查统计范围确定为公路沿线两侧各延伸 1km，宽度为 2km 的区域。为了便于可视化，将 2km 宽的统计范围内的数据处理结果显示在公路这一线状要素上，以此来分析各类承灾体的指标数据分布状况。

(1) 公路造价(D_1)。

巴南区山地与丘陵地貌居多，受交通不便与不利于施工的自然条件影响，参考我国西南山区公路建设的经验,估算不同坡度下各等级公路每千米的平均造价，如表 4.7 所示。

表 4.7　公路每千米平均造价

公路等级	不同坡度对应的平均造价/(万元/km)	
	<15°	≥15°
高速公路	4000	6000
一级公路	3000	3000
二级公路	1200	1500
三级公路	800	800
四级公路	400	400

在实际计算中，部分公路分段包含两种及以上等级的公路，本节采用公路造价指数作为公路造价的指标，计算公式为

$$\text{Cost} = \sum_{i=1}^{n} A_i I_i \tag{4.4}$$

式中，Cost——公路造价指数；

　　　i——公路等级；

　　　A_i——第 i 等级公路的平均造价；

　　　I_i——第 i 等级公路的里程占比。

计算得到的巴南区公路造价分布情况如图 4.4(a)所示。

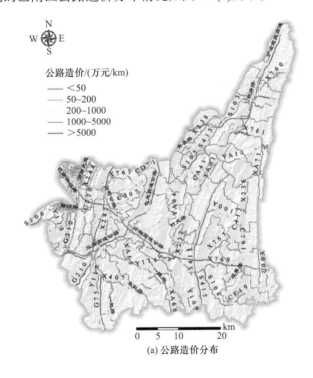

(a) 公路造价分布

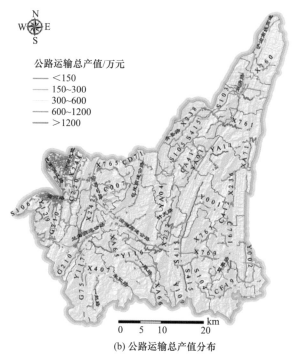

(b) 公路运输总产值分布

图 4.4　巴南区公路造价(统计截至 2017 年)与 2017 年公路运输总产值空间分布图

(2) 公路运输总产值(D_2)。

根据巴南区统计局编制的《巴南统计年鉴 2017》中交通运输地区生产总值、公路客运量与公路货运量等相关数据，得到各镇、街道公路运输总产值。在公路正常运营时，不同等级的道路所产生的经济效益存在一定的差异，因此本节按照公路类型等级的高低，对不同类型及不同职能公路的贡献指数进行赋值(表 4.8)。

表 4.8　公路运输总产值贡献指数

公路类型	高速公路	国道	国道	省道	县道	乡道	其他道路
贡献指数	9	7	6	5	5	3	1

根据公路运输总产值贡献指数以及公路里程数来量化每段公路运输总产值，计算公式为

$$F = \sum_{j}^{n} Q_j l_j \tag{4.5}$$

式中，F——公路运输总产值；

　　j——公路类型；

　　Q_j——第 j 类公路的运输产值贡献指数；

　　l_j——第 j 类公路的里程占比。

计算得到的巴南区公路运输总产值分布情况如图 4.4(b)所示。

(3) 公路沿线 GDP 分布(D_3)。

目前，GDP 等许多社会经济数据大多以行政区划为统计单元。在实际研究中，为了解决统计单元与其他环境数据单元不统一的问题，需要将 GDP 数据进行空间化处理。本节根据中国科学院资源环境科学数据中心提供的 GDP 空间化数据，运用 ArcGIS 掩膜提取工具将公路两侧 1km 范围内的 GDP 密度提取出来，得到巴南区公路沿线 GDP 分布状况如图 4.5(a)所示。

(4) 公路沿线人口分布(D_4)。

人口数据的统计与 GDP 一样，均以行政区划为统计单元，在实际应用中同样需要进行空间化处理。本节根据中国科学院资源环境科学数据中心获取的相关人口空间化数据，运用 ArcGIS 掩膜提取工具将公路两侧 1km 范围内的公路沿线人口分布提取出来，得到巴南区公路沿线人口分布状况如图 4.5(b)所示。

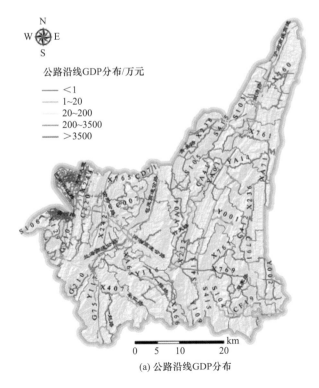

(a) 公路沿线GDP分布

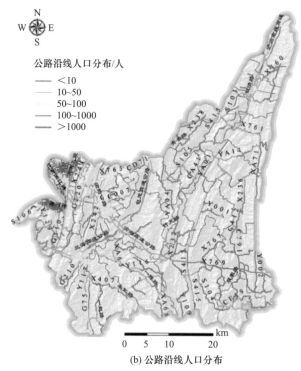

(b) 公路沿线人口分布

图 4.5　巴南区 2017 年公路沿线 GDP 与人口空间分布图

(5) 公路抗灾能力指数(D_5)。

公路抗灾能力指数越高，代表公路自身稳定性越好，抗灾能力也就越强。根据不同公路等级的抗灾能力进行分级和评分，公路抗灾能力指数如表 4.9 所示。

表 4.9　公路抗灾能力指数

等级	公路等级	公路抗灾能力指数	公路安全性
I	高速公路	9	自身稳定性好，抗灾能力强
II	一级公路	7	自身稳定性较好，抗灾能力较强
III	二级公路	5	自身稳定性一般，抗灾能力一般
IV	三级公路	3	自身稳定性较差，抗灾能力较弱
V	四级公路	1	自身稳定性差，抗灾能力弱

按照该标准划分得到的巴南区公路抗灾能力指数分布如图 4.6(a)所示。

(6) 路网密度(D_6)。

路网密度指标主要体现的是区域应急抢险能力，在抢险救灾中，不同等级公路发挥的作用也不尽相同。在相同条件下，高等级公路较低等级公路运输能力更

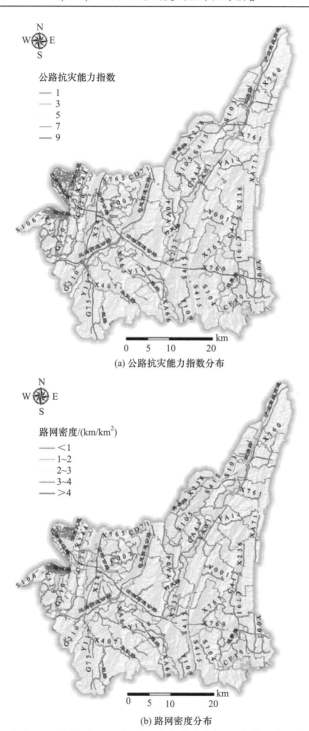

(a) 公路抗灾能力指数分布

(b) 路网密度分布

图 4.6　巴南区 2017 年公路抗灾能力与路网密度分布图

强，抢险救灾能力更高。基于此，在计算区域公路网密度时加入公路等级折算系数，如表 4.10 所示。路网密度计算公式为

$$\sigma = \sum \frac{Z_i l_i}{S} \tag{4.6}$$

式中，σ——路网密度；

i——公路等级；

Z_i——第 i 等级公路的折算系数；

l_i——第 i 等级公路的里程；

S——区域面积。

表 4.10　公路等级折算系数

公路等级	高速公路	一级公路	二级公路	三级公路	四级公路
折算系数	3	2	1	0.7	0.5

计算得到的巴南区路网密度分布如图 4.6(b)所示。

3) 承灾体易损性评价

(1) 确定指标权重。

按照 3.3 节提到的 AHP、熵值法分别计算各指标因子的主观权重和客观权重，依据最优组合赋权法计算最终的组合权重。

(2) AHP 确定主观权重。

根据各评价因子对公路洪灾承灾体易损性的重要性排序及各行业专家意见，构建公路洪灾承灾体易损性评价指标判断矩阵(表 4.11)。

表 4.11　公路洪灾承灾体易损性评价指标判断矩阵

指标	D_1	D_2	D_3	D_4	D_5	D_6
D_1	1	2	3	3/2	1/3	2
D_2	1/2	1	7	5/2	1/2	1
D_3	1/3	1/7	1	1	1/4	1/3
D_4	2/3	2/5	1	1	2/3	1/2
D_5	3	2	4	3/2	1	3
D_6	1/2	1	3	2	1/3	1

对判断矩阵进行一致性检验。按照式(3.17)～式(3.19)计算判断矩阵最大特征值 $\lambda_{\max}$ 为 6.348，一致性指标 CI 为 0.026，判断矩阵的随机一致性比例 CR 为 0.021，小于 0.1，即构建的判断矩阵通过一致性检验，满足使用要求。

利用和积法近似算法求解判断矩阵的最大特征值及其所对应的特征向量。对

特征向量进行归一化得到所求的指标主观权重(表 4.12)。

① 熵值法确定客观权重。

在 Python 中编写代码对指标数据进行运算,将数据归一化处理后按照式(3.21)计算得到每个指标的熵值向量 e_j = (0.2473, 0.1146, 01583, 0.1447, 0.2027, 0.0428),归一化求得客观权重。

② 最优组合赋权法确定组合权重。

根据主观权重和客观权重的计算结果,按照式(3.24)~式(3.26)求得主观权重和客观权重的待定系数 a = 0.431, b = 0.556,按照式(3.23)计算得到组合权重(表 4.12)。

表 4.12　评价因子权重计算结果

方法	D_1	D_2	D_3	D_4	D_5	D_6
AHP	0.1919	0.1929	0.0898	0.1017	0.2836	0.1401
熵值法	0.2717	0.1258	0.1738	0.1590	0.2226	0.0471
最优组合赋权法	0.2373	0.1547	0.1376	0.1343	0.2489	0.0872

4) 易损性模糊评价

采用可变模糊优选模型对巴南区各公路单元的易损性进行模糊评价。参考相关文献,将其易损性等级划分为微度易损(Ⅰ)、低度易损(Ⅱ)、中度易损(Ⅲ)和高度易损(Ⅳ)共 4 个等级(表 4.13),根据承灾体各指标数值的实际分布情况,结合相关文献,确定各指标的等级划分标准(表 4.14)。

表 4.13　公路洪灾承灾体易损性等级特征

易损等级	易损程度	特征
Ⅰ	微度易损	易损性最低,一般不会在洪灾中发生损毁,或损失量极小
Ⅱ	低度易损	易损性较低,可能会在洪水中发生损毁,且损毁量小
Ⅲ	中度易损	易损性较高,容易在洪水中发生损毁,且损毁量中等
Ⅳ	高度易损	易损性极高,极易在洪水中发生损毁,且损毁量大

表 4.14　公路洪灾承灾体易损性评价指标等级划分标准

评价指标及赋值	微度易损(Ⅰ)	低度易损(Ⅱ)	中度易损(Ⅲ)	高度易损(Ⅳ)
公路造价 D_1/万元	<800	800~1500	1500~3000	≥3000
公路运输总产值 D_2/万元	<300	300~600	600~1200	≥1200
公路沿线 GDP 分布 D_3/万元	<50	50~500	500~5000	≥5000
公路沿线人口分布 D_4/人	<20	20~100	100~500	≥500

评价指标及赋值	微度易损(Ⅰ)	低度易损(Ⅱ)	中度易损(Ⅲ)	高度易损(Ⅳ)
公路抗灾能力指数 D_5	≥7	5~7	3~5	<3
路网密度 D_6/(km/km²)	≥8	4~8	1~4	<1

依据各指标的等级划分标准(表 4.14),按照隶属函数在 Python 中构建各正、逆指标的相对隶属度矩阵。将隶属度矩阵进行标准化处理后,在 Python 中编写程序,完成对每个评价单元进行评价因子隶属度综合判别的批量处理,得到公路洪灾承灾体易损性评价结果(图 4.7)。

图 4.7　巴南区 2017 年公路洪灾承灾体易损性等级评价图

巴南区公路以微度易损公路为主(图 4.7),其长度为 820.50km,占区域公路总长的 52.51%。其次是低度易损公路,长度为 302.91km,占区域公路总长的 19.39%。中度易损公路长度为 255.23km,占区域公路总长的 16.33%。高度易损公路虽然在所有公路中最少,但仍有 183.85km 的公路为高度易损公路,占区域公路总长的 11.77%。为了验证评估结果,进行野外实地调查,选取 G210、S103、S105、X238、龙岗路和一陈路作为调查对象,提前拟定考察地点,除了已经拟定的考察地点,根据实地情况,同时对沿线已经发生损毁的地点进行考察。沿以上道路进行野外考察，利用全球定位系统(global positioning system，GPS)定位野外考察点坐标，详细记录沿线考察点的现场状况，并对考察点的现场状况进行打分，评估出考察点的易损性和危险性。将评估结果与实地调查结果进行对比，评估结果与实际情况较为相符，可以作为易损性及风险评估参考。

　　汇总统计各公路的易损性等级分布情况(图 4.8)，巴南区高度易损公路中高速公路的占比最高，占总长度的 78%，其次是乡镇村道，占总长度的 12%。高速公路自身防护措施较好，抗灾能力较强，但高速公路的修建维护成本高，一旦发生公路洪灾，高速公路发生损毁带来的经济损失最大。乡镇村道出现较多的高度易损公路是因为此类公路防护等级低，抵御洪水灾害能力弱，在公路洪灾发生时极易对公路造成损害。中度易损公路以省道和国道为主，低度易损公路以县道为主，而微度易损公路以乡镇村道为主。区域灾害管理部门在制定相关防灾预警措施时，应依据各等级公路的易损性等级(图 4.9)，综合考虑承灾体的脆弱程度与暴露程度，有针对性地制定灾害防治决策。

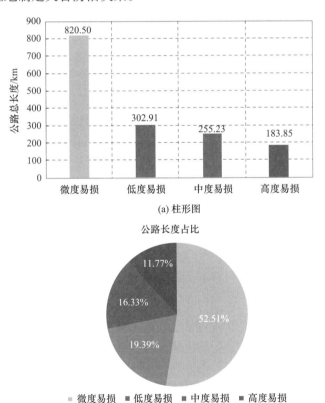

图 4.8　巴南区公路易损性等级统计图

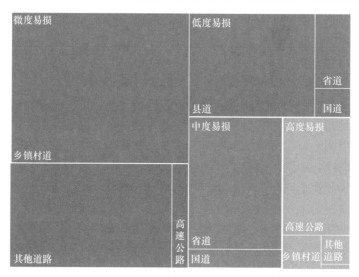

图 4.9　巴南区各等级公路易损性等级对比情况

5) 小结

承灾体的易损性评价是防灾预警工作中的重要内容，其结果可以为公路养护、维修等管理部门合理制定措施提供依据与建议。本节从公路洪灾的定义出发，分析公路洪灾承灾体易损性的影响因素，从承灾体脆弱性与暴露性两方面合理选取指标，构建了巴南区公路洪灾承灾体易损性评价指标体系。基于可变模糊优选模型，构建承灾体易损性评价方法，在 Python 中编写程序，完成对巴南区公路洪灾承灾体易损性的评价分级。结果显示，在巴南区公路洪灾承灾体的易损性四个等级中，占比最高的为微度易损等级，为 52.51%，占比最低的为高度易损等级，为 11.77%。巴南区灾害防治管理部门在制定公路洪灾防治措施时，应参考公路易损性的高低，根据公路的实际状况，有针对性地制定灾害防治措施。

2. 巫山县

本节以重庆市巫山县为例，首先从公路自身损坏难易程度和区域抗灾能力两方面进行分析，建立区域公路抗灾能力指数、公路耗能指数、土地利用抗灾指数和路网密度等四个指标体系，分析区域抗灾能力；其次对各指标进行权重计算，并将自然灾害易损性划分为低、中、高、极高四个等级，建立研究区公路自然灾害易损性评价地理数据库；再次基于 ArcGIS 软件空间分析功能，得到巫山县公路自然灾害易损性区间范围，并将研究区易损性划分为轻度易损、中度易损、高度易损和极高易损四个等级；然后构建研究区自然灾害易损性评价模型，通过易损性区划图分析区域自然灾害易损情况；最后以公路为研究对象，建立公路自然灾害易损模型，在自然灾害影响下综合分析研究区公路易损情况。本节建立适用于山区公路自然灾害易损性的评价体系，这对区域(公路)自然灾害防治具有重要的意义。

1) 研究区概况

巫山县位于重庆东北部，处三峡库区腹心。地理位置在 109°33′~110°11′E 和 30°46′~31°28′N，面积为 0.3 万 km²。巫山县辖 26 个乡镇(街道)，户籍人口达 63.97 万人，地方产业以第三产业为主。巫山县属亚热带季风湿润性气候，年均降水量达 1000mm 以上，平均气温为 17.1℃，相对湿度为 72%。县内为喀斯特典型地貌，山地面积占总面积的 96%，最低海拔仅 70.1m，最高海拔达 2683m。截至 2017 年，巫山县共通车里程 5607km，其中包括 1 条高速、3 条省道、6 条县道、数十条乡道及村道。县内时常发生山洪、滑坡、泥石流等自然灾害，致使区域出现交通中断现象，区域经济损失严重。

2) 研究方法及数据处理

(1) 研究方法。

在山区公路自然灾害易损性评价指标的选取过程中，不仅需要考虑公路自身的灾害防御能力，还应考虑区域自然环境特性。例如，区域公路抗灾能力指数受地形地貌的影响，山区公路区域抗灾能力弱于平原地区，致使其权重较低。因此，本节结合区域自然环境特性，从公路自身损坏难易程度方面考虑，选取公路抗灾能力指数、公路耗能指数作为评价指标；再从区域抗灾能力方面考虑，选取土地利用抗灾指数、路网密度等作为评价指标。

① 路网密度。

路网密度是指单位面积内公路的总长度，通常是描述交通网通达度的一个重要指标。在救援过程中，不同等级的公路作用不同。在灾害发生时，及时获取消息通知附近的人员撤离灾害发生点，同时派遣专业的救援人员和维修人员前往灾害发生点对公路防护措施进行抢修和维护。在此过程中，路网起着关键的作用，人员和物资通过路网进行传输。

② 公路抗灾能力指数。

参照《公路工程技术标准》(JTG B01—2014)对不同等级公路的结构和标准进行划定，考虑公路等级和防护措施的影响及关系，对不同等级公路抗灾能力指数进行计算：

$$T = \sum K_i G_i \tag{4.7}$$

式中，T——公路抗灾能力指数；

　　　K_i—— i 等级公路抗灾能力指数所占比重；

　　　G_i—— i 等级公路抗灾能力指数；

i——公路等级。

③ 公路耗能指数。

不同等级公路的造价不同，不同地区的公路造价也不尽相同。山区地形地势不平，受限于地形地貌陡峭、交通不便等不利的施工条件，山区公路的造价远大于一般地区。本节采用《巫山统计年鉴—2017》中估算各级公路的每千米平均造价表(表4.15)。根据公路单位造价，公路耗能指数的计算公式为

$$V = \sum L_i U_i / s \qquad\qquad (4.8)$$

式中，V——公路耗能指数；

　　　L_i——区域内 i 等级公路里程；

　　　U_i—— i 等级公路每千米平均造价；

　　　s——区域面积。

表 4.15　巫山县公路每千米平均造价表

参数	公路等级				
	高速	一级	二级	三级	四级
造价/(万元/km)	6000	3000	1500	800	400

④ 土地利用抗灾指数。

土地利用影响生态环境的稳定性和均衡性。例如，在遭受同等自然灾害时，耕地相较于林地更为脆弱，易损性更高，林地、耕地和草地等农作物具有涵养水源的功能，在面对自然灾害时抗灾能力更强。不同的土地利用类型抵御自然灾害的能力也不尽相同。植被具有较好的固土、固水作用，对于抵抗泥石流、滑坡、洪灾等灾害具有良好的防御作用。土地利用抗灾指数的计算公式为

$$S = \sum A_n F_n \qquad\qquad (4.9)$$

式中，S——土地利用抗灾指数；

　　　A_n——土地利用类型面积占比；

　　　F_n——土地利用类型抗灾能力；

　　　n——土地利用类型。

⑤ 山区公路自然灾害易损性评价模型。

考虑公路自身损坏难易程度和区域抗灾能力两个方面的影响，对各项山区公路易损性评价指标进行统一的评分体系、统一量纲的操作，本节采用易损程度来衡量山区公路自然灾害易损性的大小。在以上研究方法的基础上，建立研究区公路自然灾害易损性评价模型：

$$R = f(T,V,S,P) = kM_t + pV_t + qS_t + jR_t \tag{4.10}$$

式中，R——山区公路自然灾害易损性；

　　　　P——路网密度；

　　　　k、p、q、j——权重系数；

　　　　t——各个指标等级。

(2) 数据处理。

通过收集研究区社会经济、自然环境和交通等资料建立公路自然灾害易损性评价数据库。首先基于高分一号遥感卫星空间分辨率为 16m 的遥感影像进行土地利用分类，辅以谷歌影像对分类精度进行验证；然后从公路自身损坏难易程度和区域抗灾能力两方面建立指标体系；最后根据各项指标的权重、灾情调查解析等确定权重，建立评价指标与易损性评价的关系，构建易损性评价模型，得到巫山县易损性区划图。

在研究过程中，高分遥感数据来源于地理空间数据云平台，社会经济、自然环境和交通等数据来源于《巫山统计年鉴—2017》。

3) 研究区抗灾能力分析

考虑区域自然灾害管理能力对易损性的影响，在 ArcGIS 软件中，首先运用空间分析工具计算出带有行政区划信息的公路数据，对行政区划内的各等级公路里程进行统计，根据式(4.7)计算不同等级公路抗灾能力指数，进而对巫山县每个村级行政区进行评分；然后根据式(4.8)和式(4.9)计算得到区域公路耗能指数和土地利用抗灾指数；最后运用 GIS 技术对其进行空间可视化。巫山县路网密度与区域公路抗灾能力指数图如图 4.10 所示。

(1) 区域路网密度与公路抗灾能力分析。

巫山县路网密度空间分布显示[图 4.10(a)]，研究区东北、西北和西南部的路网建设完善程度较低，在后期公路建设中，可以有针对性地在这些区域新建路网。巫山县建成区路网密度高，但边界周围的镇级行政区路网密度较低，说明巫山县与外界沟通交流能力有待加强，新建路网可以创造财富，加强与周边的物质经济文化交流。路网密度等级位于高和极高两个层次的公路占比最高且相同，均为 32%。从公路里程的角度来看，路网密度等级位于中等级和高等级的公路占比最大且相同，均为 37%。

巫山县内公路抗灾能力指数处于中级及以下水平，约占总面积的 76%，且中部、南部的区域公路抗灾能力较强，北部的公路较少且容易受损。结合公路里程来看(图 4.11)，区域公路抗灾力指数位于中级及以下的区域约占总面积的 70%，表明巫山县内大多数的公路抗灾能力整体偏低。因此，在巫山县北部可增建高等级公路，并完善现有公路的防护措施。

(a) 路网密度

(b) 公路抗灾能力指数

图 4.10   巫山县 2016 年路网密度与公路抗灾能力指数图

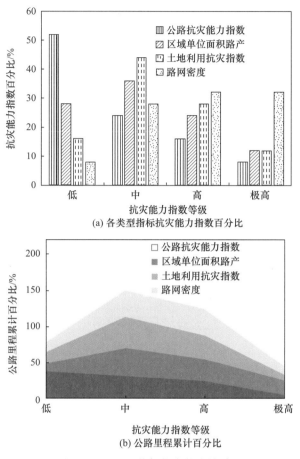

图 4.11　巫山县指标抗灾能力统计图

(2) 区域公路耗能与土地利用抗灾能力分析。

通过得到的带有行政区划信息的等级公路图层，进而得到区域单位面积路产分布最低为 8.68 万元/km²，最高可达 2714.70 万元/km²。巫山县内约 64%的区域公路耗能分级易损性位于中级及以下。从公路里程占比方面来看，有 38%的公路里程的区域单位面积路产位于中级，30%的公路里程的区域单位面积路产位于高级，可见绝大多数的公路区域耗能中等偏高。

由区域公路耗能指数可以看出(图 4.12)，位于巫山县东北、西南、东南、西北四个方向和靠近县边界的乡镇公路耗能较低。当灾害发生时，这些地方的公路损失较低，易损性也较低。位于巫山县中部的区域公路耗能最高，该区域位于巫山县城中心，为人口和车流量汇集之地。相对而言，该区域通往高级公路能力较强，因此该地区域公路耗能等级较高，易损性也相对较高。

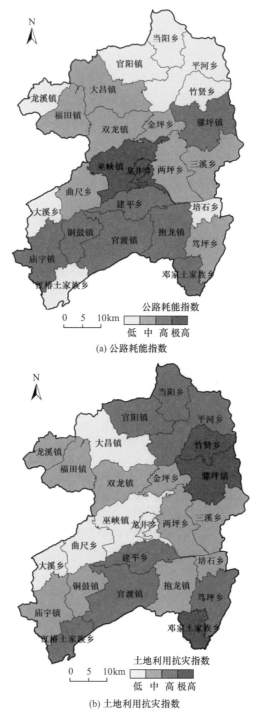

(a) 公路耗能指数

(b) 土地利用抗灾指数

图 4.12   巫山县 2016 年耗能指数与土地利用抗灾指数图

巫山县内沿着巫山县边界东部和南部的土地利用抗灾指数较高，这与巫山县土地利用分布情况中林地大多集中在东部有关。从行政区划方面来看，约有60%的镇级行政区土地利用抗灾能力等于或小于中级。从公路里程占比方面来看，位于中级的土地利用抗灾指数最高，达43%，其次是高级，为33%。可见，巫山县土地利用类型分布从整体上来看加大了政府防灾预警的难度，县内土地利用类型分布和结构有待调整。

4) 山区公路自然灾害易损性研究

山区公路自然灾害易损性评价中同时涉及大量空间数据和属性数据。GIS 技术能够将这些属性数据和空间数据相结合，整理为数据库，方便查阅和更新数据，有助于进一步分析易损性评价。根据构建的山区公路自然灾害易损性指标体系，基于 ArcGIS 软件，运用 AHP 对各指标进行相互比较和计算，确定各指标的权重，从镇级行政区域和公路里程两个方面，对研究区公路自然灾害易损性情况进行分析。

(1) 研究区易损性指标权重确定。

对研究区公路自然灾害易损性进行评价，在各个指标权重计算过程中，首先综合考虑选择的其他指标对研究区易损性指标的影响，再从最优化的角度合理分配权重。本节评价指标的确定采用由美国运筹学家 Saaty 提出的 AHP。其原理是将决策问题分解成目标、准则、指标等层次，将定性分析和定量分析相结合。AHP能够量化多准则的决策问题，具有较强的科学性和实用性，因此经常应用于风险分析、项目安全等方面的评价。

(2) 层次分析结构的构建。

本节研究的目标层为山区公路自然灾害易损性评价指标，准则层包括公路自身抗灾能力和区域抗灾能力两个要素。其中，公路自身抗灾能力包括区域公路抗灾能力指数和区域公路耗能，区域抗灾能力包括土地利用抗灾指数和路网密度两个指标(图 4.13)。

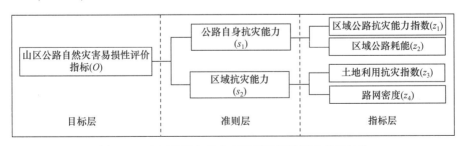

图 4.13　山区公路自然灾害易损性评价层次分析结构

(3) 判断矩阵的构造。

层次分析结构中，同层元素对上层的影响程度不同，通过构造两两判断矩阵可以将其影响程度定量化。山区公路自然灾害易损性评价对区域公路抗灾能力指数、区域公路耗能、土地利用抗灾指数和路网密度四个指标进行判断矩阵构建(表 4.16)。

表 4.16　山区公路抗灾能力判断矩阵表

指标名称	区域公路抗灾能力指数	区域公路耗能	土地利用抗灾指数	路网密度	公路自身抗灾能力	区域抗灾能力
区域公路抗灾能力指数	1	3/4	0	0	0	0
土地利用抗灾指数	4/3	1	1	1/2	0	0
公路自身抗灾能力	0	0	2	1	1	3
区域抗灾能力	0	0	0	0	1/3	1

(4) 层次一致性检验。

在比较过程中，应符合判断思维逻辑一致性，否则判断就会不准确，因此需要对评价指标进行一致性检验。本研究层次分析过程中的判断矩阵均为二阶矩阵，矩阵具有完全一致性，通过层次一致性检验，山区公路自然灾害易损性评价的各指标权重如表 4.17 所示。

表 4.17　公路自身抗灾能力权重

一级指标	权重	二级指标	权重	总权重
公路自身抗灾能力	0.75	区域公路抗灾能力指数	0.43	0.32
		区域公路耗能	0.57	0.43
区域抗灾能力	0.25	土地利用抗灾指数	0.33	0.08
		路网密度	0.67	0.17

5) 自然灾害损毁下公路易损性研究

以山区公路自然灾害易损性评价指标、量化和权重结果为基础，对巫山县区域公路抗灾能力分级图、区域公路耗能分级图、土地利用抗灾能力分级图和区域路网密度分级图进行数字化操作。随后基于 ArcGIS 空间分析工具，运用式(4.10)计算巫山县公路自然灾害易损性。结果显示，巫山县内公路自然灾害易损性最低为 4.02，最高达 7.52，具体分布情况如图 4.14 所示。

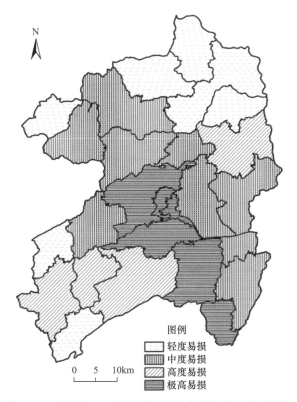

图 4.14　巫山县 2016 年公路自然灾害易损性空间区划图

巫山县内自然灾害易损性整体呈现中部和南部较高、西部和北部偏低。极高易损区域由中部延伸至南部，高度易损区域分布在巫山县的西南方向和东部，中度易损区域环绕分布于极高易损区域的东部和北部，轻度易损区域分布在巫山县的东北、西北、西南方向的角落。巫山县中南部易损性较高的原因主要是巫山县的人口主要分布在中部和南部，人类社会活动聚集，受到灾害时造成的损失较大，易损性也较大。

(1) 基于行政区尺度的研究区公路自然灾害易损性分析。

依据巫山县公路自然灾害易损性分级结果，按照分级标准，得到巫山县各乡镇的公路自然灾害易损性分级统计如表 4.18 所示，生成以镇级行政区为单元的巫山县公路自然灾害分级图(图 4.15)。

表 4.18　巫山县各乡镇公路自然灾害易损性分级统计

易损性分级	乡/镇/街道	受灾乡镇数目占比/%
轻度易损	大溪乡、龙溪镇、官阳镇、当阳乡、红椿土家族乡、平河乡、竹贤乡	27

易损性分级	乡/镇/街道	受灾乡镇数目占比/%
中度易损	金坪乡、福田镇、大昌镇、三溪乡、双龙镇、培石乡、两坪乡、笃坪乡、曲尺乡	35
高度易损	庙宇镇、官渡镇、骡坪镇、铜鼓镇	15
极高易损	建平乡、抱龙镇、邓家土家族乡、高唐街道、龙门街道、巫峡镇	23

图 4.15　巫山县 2016 年公路自然灾害易损性空间分布图

　　由表 4.18 可以看出，巫山县内中度易损等级的受灾乡镇数目占比最大，同时通过面积统计可得到中度易损等级所占面积也最大。从行政区划统计可以看出，县内乡镇主要为中度易损，中度易损乡镇共计 9 个，所占比例为 35%。其次是轻度易损，共计 7 个乡镇，所占比例为 27%。建平乡、抱龙镇、邓家土家族乡、高唐街道、龙门街道、巫峡镇位于极高易损区域，说明这些乡镇(街道)在发生自然灾害时，极易造成区域内公路损坏，影响该地区交通运输。

(2) 基于公路里程尺度的山区公路自然灾害易损性评价。

结合巫山县公路自然灾害易损性情况，统计公路受灾数据。结果显示，巫山县公路多处于中度易损及以上，受灾公路里程约占总里程的38%和26%。结合巫山县内公路受灾情况(图4.16)，可以看出分布在巫山县西北部的公路较少，易损性普遍较低，而位于巫山县南部的公路大多位于高度易损区域和极高易损区域，且分布密集，表明位于中南部的公路容易受损，公路防护设施需要保证较高的防护水平。

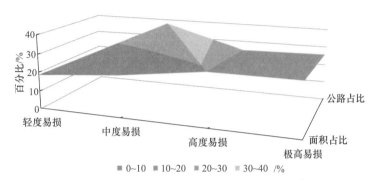

图 4.16　巫山县 2016 年自然灾害受损面积与公路受灾占比

6) 小结

本节基于高分辨率遥感影像和 GIS 技术，探讨了自然灾害对山区公路易损程度的影响。首先建立了路网密度、区域公路抗灾能力指数、区域公路耗能、土地利用抗灾指数等层次分析结构，得到了研究区抗灾能力；其次将研究区自然灾害易损性划分为轻度易损、中度易损、高度易损、极高易损四个等级，并建立研究区公路自然灾害易损性评价数据库；最后建立易损评价模型，在 ArcGIS 软件中得到研究区自然灾害易损空间区划图与公路自然灾害易损图，并对研究区公路易损情况进行综合分析，结论如下。

(1) 研究区公路整体抗灾能力指数处于中级及以下，县内多数公路抗灾能力整体偏低，位于中级及以下的公路约占总数的 70%。县内东部和南部土地利用抗灾能力指数较高，约有 60%的镇级行政区土地利用抗灾能力处于低级以下。区域公路表现为抗灾能力指数、区域公路耗能和土地利用抗灾指数越大，公路自然灾害损性越大，而路网密度阈值与山区公路自然灾害易损性成反比关系。

(2) 巫山县各乡镇公路主要为中度易损，多数公路达中度和极高易损状态，整体上呈现南高北低、东高西低易损状态。研究区公路自然灾害易损性评价指标主观赋权阈值为 4.02～7.52，在易损性划分等级中，极高易损区域由中部延伸至南部，高度易损区主要分布于研究区西南部和东部，中度易损区环绕分布在极高易损区东部与北部，轻度易损区分布于东北、西北、西南方向的角落。在乡镇尺度上，县内共计 4 个乡镇呈高度易损状态，约有 38%的公路处于高度及以上易损状态。

4.2　山区公路洪灾风险评估

公路洪灾风险评估是洪灾风险管理工作的重要组成部分，公路洪灾风险评估的主要目的是分析当前或未来公路洪灾风险信息，进而为公路防灾预警措施的制定提供合理的决策支撑。根据风险评估的表达式：风险(risk) = 危险性(hazard) × 易损性(vulnerability)，风险评估的主要内容就是综合评估对象的危险性与易损性，通过一定的数学计算表达，得到研究对象的风险评估结果。牟凤云等(2020b)选择降雨量、土壤类型、植被覆盖度、坡度、坡位和整治力度等 6 个指标建立风险指标体系，构建 RF-RUSLE 模型，分析重庆市巴南区水土流失程度及公路灾害与水土流失之间的关系，并结合区域路网格局，对重庆市巴南区水土流失性公路自然灾害风险进行了评估与预测，对研究区水土流失性公路自然灾害风险等级进行了划分。本节采用定性分析和定量评估两种方法，对巴南区公路洪灾的风险等级进行划分，并估算得到巴南区公路洪灾期望损失风险。

4.2.1　山区公路洪灾风险定性分析

与危险性评价的多空间尺度不同，本节的多尺度评估包括采用不同的方法尺度评估巴南区的公路洪灾风险，主要包括定性分析和定量评估两种方法。

公路洪灾风险定性分析的主要目的为识别研究区域的公路洪灾风险等级，在缺少详细的灾害损失数据及其他评估数据时，能够结合专家经验，以区域洪灾危险性评价和承灾体易损性评价为基础，在短期内快速完成公路洪灾分析、定级等，从而为公路洪灾应急决策及防灾预警措施的制定提供依据。

1. 公路洪灾风险等级划分

公路洪灾风险评估比较全面地反映了风险的本质特征，公路洪灾的风险由灾害发生的概率与规模大小(危险性)、承灾体抵抗灾害的能力及其发生损毁的损失量大小(易损性)共同决定，但是仅采用二者的乘积并不能准确地衡量风险等级的高低。只有当灾害危险性与易损性都很高时，才会带来灾害的高风险。例如，若某条公路发生洪水灾害的概率高且规模较大，但由于公路设防强度很高，不容易造成公路的损坏和财产损失等，则可以认为这条公路的洪灾风险仍是小的；相反，若某条公路发生洪水灾害的概率并不高，但是公路的防护等级低，即使受到中小规模的洪灾影响，也很容易造成公路的损毁，则这条公路的洪灾风险就较大。因此，仅依靠风险指数来划分公路洪灾的风险等级是不完全合理的，应综合评估对象的危险性与易损性等级差异，划分公路洪灾风险等级(表 4.19、图 4.17)。

表 4.19 公路洪灾风险等级特征

风险程度	风险等级	特征
低风险	I	遭受洪水灾害的可能性或规模小，且承灾体易损性低，公路洪灾风险最低
中等风险	II$_a$	遭受洪水灾害的可能性或规模较小，且承灾体易损性较低，公路洪灾风险中等
	II$_b$	遭受洪水灾害的可能性或规模中等，但承灾体易损性较低，公路洪灾风险中等偏高
	II$_c$	遭受洪水灾害的可能性或规模较低，但承灾体易损性中等，公路洪灾风险中等偏高
较高风险	III$_a$	遭受洪水灾害的可能性或规模较大，且承灾体易损性较大，公路洪灾风险较高
	III$_b$	遭受洪水灾害的可能性或规模大，但承灾体易损性中等，公路洪灾风险较高
	III$_c$	遭受洪水灾害的可能性或规模中等，但承灾体易损性高，公路洪灾风险较高
高风险	IV	遭受洪水灾害的可能性或规模大，且承灾体易损性高，公路洪灾风险高

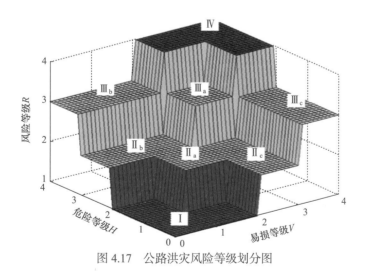

图 4.17 公路洪灾风险等级划分图

2. 巴南区多尺度公路洪灾风险评估

依据公路洪灾风险计算公式，参照上述风险等级划分规则，在 ArcGIS 中将巴南区各个尺度(格网、小流域与镇域)的公路洪灾危险性图层与易损性图层进行叠加运算，得到巴南区公路洪灾风险等级图(图 4.18)。由图可以看出，与三个不

(a) 基于格网的公路洪灾风险评估

(b) 基于小流域的公路洪灾风险评估

(c) 基于镇域的公路洪灾风险评估

图 4.18　巴南区 2017 年公路洪灾风险评估等级图

同尺度的危险性图层分别叠加得到的巴南区各风险等级公路在空间分布上较为相似，区域北部的公路总体上较南部的公路风险等级更高，西南部的公路呈现出较低的风险性。同时，公路风险等级的空间分异与公路级别以及公路所在的环境，包括地形、水文及人口等分布状况具有较高的一致性。不同尺度计算结果中各风险等级的占比统计结果如图 4.19 所示。

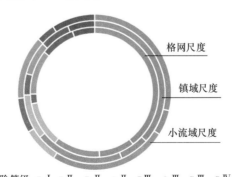

图 4.19　不同尺度计算结果中各风险等级的占比统计结果

根据设定的公路两侧 2km 调查宽度,提取出 217 条历史洪水灾害数据作为观测点,以灾害数据信息表中设定的灾害风险防治等级作为观测值,通过对比评估值与观测值间的误差来验证评估精度。经验证得到,基于格网、小流域及镇域尺度的叠加运算结果整体精度分别为 0.736、0.675、0.608。从模拟结果的准确性来看,三者都具有一定的可信度,总体准确性较高的是基于格网尺度的运算结果,其次是基于小流域尺度的运算结果,这两种尺度适合作为风险评估的研究单元,可以得到较为准确的结果。在实际应用时,基于镇域尺度的叠加结果包含镇级行政区划的属性信息,便于管理者查询公路所属的责任信息等。因此,根据评估目的不同,应具体分析不同尺度的适宜性,选取一种最佳的研究尺度作为洪灾风险评估的评估单元(图 4.20)。

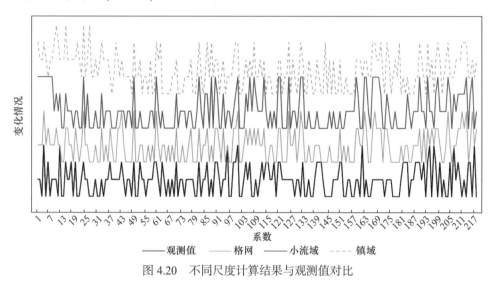

图 4.20　不同尺度计算结果与观测值对比

选取模拟精度最高的评估结果进行探讨。在基于格网尺度的叠加结果中,低风险等级的公路最多,其长度为 620.8km,占研究公路总长的 39.8%;中等风险公路长 505.3km,占研究公路总长的 32.4%,其中 11.9%的公路是 II$_b$ 等级,即因危险性较高而成为二级风险公路,11.5%的公路是 II$_c$ 等级,即因易损性较高而成为二级风险公路;较高风险公路长 345.7km,占研究公路总长的 22.2%,其中 11.2%的公路是III$_b$ 等级,这些公路因为有较高的洪灾发生概率,易损性等级不高,所以呈较高风险,8.7%的公路是因具有较高的易损性,但洪灾发生的概率不高,同样呈现为较高风险;高风险公路长 88km,占研究公路总长的 5.6%,主要分布在李家沱街道、鱼洞街道北部、南彭街道南部、界石镇中部、木洞镇北部、双河口镇西部以及麻柳嘴镇西部等区域。

巴南区高速公路中公路洪灾高风险公路长约 29.16km,占高速公路总长的

19.4%，包括 G65 包茂高速内环高速东段及界石段、G75 兰海高速界石段等；沪渝南线高速中高度危险路段出现较多，如木洞镇郭家坪村段、麻柳嘴镇黄沙坎村至八斗冲村段等。国道中基本为中等风险公路和较高风险公路，高风险公路较少，占国道全长的 13.6%，包括鱼洞街道箭河路、一品镇一品正街以及 G210 高坪村段等间断出现共 3.76km 高风险公路。省道中高风险公路长约 35.26km，占省道全长的 15.79%，其中，鱼洞街道内 S106 存在较多高风险公路；渝南大道南段基本为高风险公路；S415 在姜家镇桂花坪村段呈现为高风险，在邓家湾村至龙洞榜村间连续出现长约 1.9km 的高风险公路；在木洞镇 S103 檬子湾村段存在长达 3.4km 的连续高风险公路，老鸦滩村附近间断出现高风险公路；在 S103 双河口镇和麻柳嘴镇交接处有长约 1.2km 的高风险公路。巴南区县道以中等风险公路为主，其占比达 60.4%，其次是较高风险公路，约占 6.85%，高风险公路占比极少，长度约为 1.1km，仅为县道全长的 0.9%，基本分布在花溪镇、鱼洞镇和木洞镇，X235、X238、X760、X761、X765 及 X769 等县级道路均存在较多较高风险公路。乡镇村道及其他低等级公路的洪灾风险等级状况相对较好，较高风险及以上公路共占该类公路总长的 4.5%左右。其中，巴南滨江路、鱼洞江滨路、安澜镇 Y117 及木洞镇 C535 等乡镇村道均存在较多连续、较高风险的公路。对于上述公路，区域灾害防治管理部门依据其洪灾危险性和公路易损性的大小，制定适宜的综合防治措施，以降低公路洪灾的风险。

4.2.2　山区公路洪灾风险定量评估

与定性分析相比，公路洪灾风险定量评估是在具有较为翔实的灾害损失数据条件下，运用相关模型进行灾害损失估算，目前风险定量评估常用的方法有概率风险曲线、预期平均损失表达法等。本节研究所采用的期望损失估算法是基于历史灾害数据资料，结合区域灾害发生的概率(危险度)与承灾体的损失率，构建数学模型，估算区域灾害风险的预期平均经济损失量。数据尺度具有宏观性，这种方法多用于县域及以上尺度的灾害风险分析，对于更小的评价单元或单个承灾体的风险损失预估，并不能满足精度要求。

公路洪灾期望损失风险估算过程中需要确定两个重要参数：①灾害发生的概率；②承灾体的损失率，即在灾害中承灾体发生损坏的概率。其中，灾害发生的概率即为公路洪灾的危险性等级，根据基于格网尺度的危险性测定结果，将不同等级的危险性进行归一量化(表 4.20)，量化后的值作为危险性参数参与期望损失的估算。

表 4.20　危险性等级量化值

危险等级	微度危险(I)	低度危险(Ⅱ)	中度危险(Ⅲ)	高度危险(Ⅳ)
量化值	0.2	0.4	0.6	0.8

承灾体损失率的计算思路是分析已实际发生的洪灾损失量与对应区域承灾体暴露量的比值，得到承灾体在灾害中的损失概率。本节研究中提取公路两侧各 1km，宽度为 2km 范围内的历史洪灾数据点信息，以这些点中每一次洪灾的经济损失值以及承灾体物质与经济暴露性数据为主要依据，构建承灾体损失率计算模型：

$$V_{ij} = \sum \left(\frac{U_{ij}}{E_i} \cdot P_j \right) \tag{4.11}$$

式中，V_{ij}——i 类承灾体在 j 级危险性下的损失率；

U_{ij}——i 类承灾体在 j 级危险灾害发生时的损失量；

E_i——承灾体的暴露量，为易损性评价指标公路造价 D_1、公路运输总产值 D_2 和公路沿线 GDP 分布 D_3 的数值总和；

P_j——j 级危险等级的量化值。

据式(4.11)计算得到巴南区公路洪灾承灾体的损失率曲线(图 4.21)。微度危险对应的承灾体损失率为 0.0177%，低度危险对应的承灾体损失率为 0.0544%，中度危险对应的承灾体损失率为 0.1665%，高度危险对应的承灾体损失率为 0.5097%。

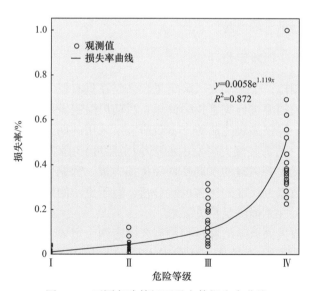

图 4.21　不同危险等级下承灾体损失率曲线

得到各危险等级下的承灾体损失率 V_{ij} 后，根据风险定义表达式，构建公路洪灾期望损失风险值计算模型：

$$R_{ij} = P_j \times V_{ij} \times E_i \tag{4.12}$$

计算得到巴南区公路洪灾期望损失风险值(图 4.22)。巴南区公路洪灾期望损失风险值水平整体中等偏高，全区期望损失风险值总和为 115360.2 万元。有三个街道的公路洪灾期望损失风险值总和过亿元，分别为鱼洞街道、花溪街道和李家沱街道，这三个街道也是巴南区人口较为密集、GDP 密度较高、经济发展较快的三个街道。而风险损失值总和最低的镇是天星寺镇，其期望损失风险值总和为 443 万元。在鱼洞街道内，期望损失风险值较高的路段包括大江中路、三江路、箭河路及 S106 部分路段，这些公路大多为沿溪、沿河公路，且公路周边商业活动频繁，在发生洪水时可能发生路面积水、淤埋等状况，对生产生活造成一定的影响，带来经济损失，因此风险损失值较高。花溪街道和李家沱街道内期望损失风险值较高的公路主要是巴南滨江路，该路段沿江分布，在洪水发生时极易被淹没，易带来较大的经济损失。除此之外，安澜镇内 G75 部分路段，界石镇内 G75、XA67 部分路段，麻柳嘴镇 X760、沪渝南线高速部分路段，木洞镇 X238、圣灯山镇一陈路及双河口镇双清路等都具有较高的期望损失风险值。

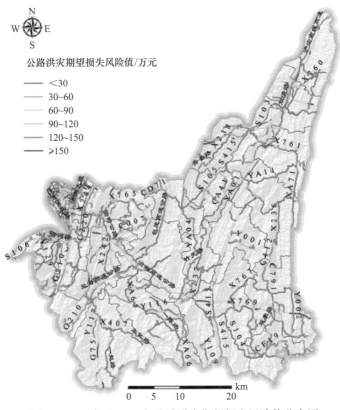

图 4.22　巴南区 2017 年公路洪灾期望损失风险值分布图

通过对比巴南区公路洪灾风险等级(图 4.19)与巴南区公路洪灾期望损失风险值(图 4.22)可以看出，定量评估方法得到的结果与定性分析结果的趋势相一致，即风险等级高的路段，其洪灾期望损失风险值也相对较高。在社会科学统计软件包(statistical package for the social sciences，SPSS)中分析巴南区公路洪灾风险等级与期望损失风险值，得到二者的相关性系数为 0.9331，说明这种定量评估方法具有一定的可信度和参考价值。

1. 风险处置对策与建议

针对不同风险等级的区域，结合定量评估结果，提出以下几点风险处置对策和建议。

1) 低风险公路所在区域

低风险公路所在区域风险等级最低，预估风险损失量最小，一般建议不采取措施或者采取灾害预防宣传、教育等软措施，以减少灾害带来的损失。处于这一风险等级中的各公路及其他承灾体，公路洪灾损失表现为可接受及自愿接受水平。对此，巴南区灾害防治管理部门应定期宣传灾害防治知识，定期培训公路一线养护人员，使当地居民了解本区域公路洪水灾害的相关情况，以配合管理部门共同降低区域公路洪灾风险。

2) 中等风险公路所在区域

中等风险等级的区域共分为三种情况：①遭受洪水灾害的可能性与承灾体易损性均中等(II_a)；②承灾体易损性较低，但遭受洪水灾害的可能性与规模中等(II_b)；③遭受洪水灾害的可能性与规模较小，但承灾体易损性中等(II_c)。对于 II_a 等级区域，可适当采取相应的工程措施来降低公路洪灾的风险，同时加大灾害防治宣传。对于 II_b 等级区域，应具体分析承灾体的抗灾能力。对于公路防护级别低的公路，应衡量其公路加固工程的经济成本与风险损失值之间的差异，若灾害风险损失预估值低于公路防护工程的建设成本，则认定其风险损失为可接受水平，自愿接受该等级风险；若灾害风险损失预估值高于公路防护工程的建设成本，则酌情考虑实行工程加固措施，增强承灾体的抗灾能力，如公路路基加固、修建导流堤、丁坝等措施。对于 II_c 等级区域，降低风险的处置措施主要的目的是降低区域灾害发生的概率，如加大生态环境保护宣传力度、定期实行洪水灾害应急演练，做到以防为主，以治为辅。

3) 较高风险公路所在区域

较高风险等级的区域共分为三种情况：①遭受洪水灾害的可能性与承灾体易损性均较高(III_a)；②承灾体易损性中等，但遭受洪水灾害的可能性与规模较大(III_b)；③遭受洪水灾害的可能性与规模中等，但承灾体易损性较高(III_c)。这三类区域均适宜采取相应的工程措施来降低公路洪灾风险，同时注重灾情监测与预警，重视日常的维修、养护工作,依据当地的情况采取相应的灾害防治措施。对于Ⅲb等级即危险性较大的区域,应采取非工程性措施,加强监测、预警工作,加强巡查,提高灾害抵御能力。对于Ⅲc等级即易损性较高区域,应及时采取综合防治措施,防与治相结合,完善公路的防护形式,注重公路的维修和养护,合理建设路网,提高应急抢险能力。

4) 高风险公路所在区域

对于高风险区域,承灾体灾害损失分为可接受水平和不可接受水平。对于风险损失在可接受水平以下的区域,可以采用灾前预防和规避等措施来减小灾害损失。对于使用频率高、比较重要的主干道公路,必须采取加固措施。若公路洪灾风险过高,超出了可接受水平,并且采取相应的控制措施对降低风险作用不大,则只能采取规避措施。例如,在洪水灾害高发区域设置规避灾害备用路线,在汛期来临时加强预警监测,制定符合公路实际情况的公路洪灾应急预案,科学组织救灾力量,提高区域抢险救灾能力,通过互联网等加强对公路洪灾应急避险知识的宣传,多方面提高区域抗灾能力,降低公路洪灾的风险。

2. 小结

(1) 基于公路洪灾危险性与承灾体易损性评价结果,本节提出了公路洪灾定性分析方法和等级划分标准。依据公路洪灾风险表达式,参照风险等级划分规则,在 GIS 平台采用叠加分析方法分别将三个空间尺度的危险性评价结果与承灾体易损性评价结果进行叠加分析,并进行精度验证。结果显示,基于格网尺度的叠加分析结果准确率较高,巴南区公路中低风险等级的公路最多,占研究公路总长的39.8%;中等风险公路和较高风险公路分别占研究公路总长的 32.4% 和 22.2%;高风险公路长 88km,占研究公路总长的 5.6%。

(2) 基于历史灾害数据资料,计算承灾体在公路洪灾中的损失率,构建期望损失定量评估模型,计算得到巴南区公路洪灾期望损失风险。鱼洞街道、花溪街道和李家沱街道各公路的洪灾风险损失量总值较高,天星寺镇各公路的风险损失量总值最低。经对比得到,定量评估结果与定性评估结果的趋势相一致,即风险等级高的路段,其洪灾期望损失值也相对较高。

(3) 针对不同风险等级的区域,应实行不同的防灾预警措施来降低风险,低风险区域以防灾预警知识宣传、教育等非工程措施为主,中等风险和较高风险区域以防护工程措施建设为主,非工程措施为辅,高风险区域应结合工程性和非工程性措施降低风险,对于部分高风险区域,还应注重风险规避,减少灾害损失。

4.3 山区公路洪灾降雨-径流预警

山区径流水位突涨、流速与流量骤变等对人们生命财产安全造成巨大的威胁。本节以巫山县为例，在不同强度降雨阈值下进行降雨-径流水文参数指标量化，全面分析降雨强度与径流水位、流速、流量之间的转换关系，并在多情景降雨下，联立公路洪灾孕灾指标，构建公路洪灾预警(highway flood warning，HFW)模型。研究结果表明，山区径流水位变化幅度大于流速，而在大暴雨及特大暴雨情景下，流速变化大于水位，并出现降雨临界值185mm；在不同降雨阈值下，等级较低的河流更易发生公路洪灾，水位空间变化最为剧烈，效应范围最广，而流量与水位变化作用于等级较高的径流，且随着河流等级的增高，变化更为明显；巫山县公路洪灾易发程度介于轻度和高度之间，东北与西南部区域公路洪灾易发性强，且较为集中，西南部、东部与中部公路洪灾易发程度介于高度与中度之间，西北部、中部与南部公路洪灾易发程度介于轻度与中度之间。其研究结果可为山区公路洪灾防治提供决策依据，保障人们生命财产安全。

山区洪水突发迅猛，公路损毁情况严重，沿线公路潜在危险性巨大，如何构建山区公路预警系统，减少人们生命财产损失成为亟待解决的问题。在多情景降雨下，进行降水量化及水文参数统计分析，可为山区公路洪灾预警模型的构建提供评定依据。

4.3.1 研究方法

综合考虑山区径流特征，结合研究区降雨强度、地形地貌、土壤特性、植被覆盖等特征，建立公路洪灾预警模型。本节以地形坡度较陡、排水能力差的区域的沿河公路为研究对象，根据降雨-径流拟定范围，对公路危险等级进行评定，并结合巫山县公路周边孕灾环境、地形地貌、土壤特性、土地利用以及社会经济等指标，在不同降雨阈值情景下，对山区径流水位、流速、流量等量化指标进行影响范围划定，通过空间趋势拟合对巫山县公路洪灾影响范围进行危险等级评定，最后建立巫山县暴雨公路洪灾空间预警模型，并将其量化为对研究区公路进行危险评定，进而构建巫山县公路洪灾预警模型。

公路洪灾预警模型的建立，需要考虑地形地貌、降雨强度、土壤特征、植被覆盖度、汇水面积、径流平均坡度以及水库湖泊调节等诸多因素。

SCS 模型可用于计算不同降水条件下的地表径流量，即产流模型：

$$\begin{cases} Q = \dfrac{(P-0.2S)^2}{P+0.8S}, & P \geqslant 0.2S \\ Q = 0, & P < 0.2S \end{cases} \tag{4.13}$$

式中，Q——地表径流量，mm；

　　　P——一次降雨的总量，mm；

　　　S——潜在最大入渗量，mm。

　　利用 ArcGIS 水文分析工具，对研究区 DEM 数据进行径流汇流流量计算，根据研究区降水量、河网密度、地形地貌特点将河流划分为 6 个等级。

　　综合分析国内外雨洪计算方法，在理想条件下，建立的天然河道汇流平均速度与水位公式为

$$\begin{cases} v = \dfrac{mJ^{1/3}Q^{1/4}}{n} \\ h = \dfrac{n^{3/2}v^{3/2}}{J^{3/4}} \end{cases} \tag{4.14}$$

式中，v——径流断口平均速度，m/s；

　　　m——流域汇流参数；

　　　J——径流比降，‰；

　　　Q——洪峰流量；

　　　n——糙率；

　　　h——平均水位，m。

4.3.2　案例分析

　　以巫山县为研究范围，首先基于 ArcGIS 提取的不同等级山区河网，联立国内外经验推导公式，在不同降雨强度下对山区径流水位、流速、流量等指标进行量化，通过线性回归拟合建立量化指标之间的转换关系式，再对量化指标进行空间变化分析，根据量化指标空间影响范围进行危险等级划定，最后结合巫山县地形地貌、自然社会因子以及区域孕灾环境等指标构建公路洪灾预警模型，并通过预警模型全面评价公路洪灾风险区域。

　　山区降雨-径流演变，在不同降雨情景下水文参数空间变化存在差异，本节首先通过线性回归拟合量化指标之间的转换关系，结合 ArcGIS 空间可视化技术，对量化指标进行空间分析；然后，根据量化指标空间效应范围，对公路洪灾危险等级进行划定。山区地形起伏大，原始 DEM 存在低洼区域，需要对其进行洼地填充，考虑流域地理环境与流域蓄水能力对其地形坡度进行修正，进而结合流域地形地貌、自然社会因子以及区域孕灾环境等指标构建 HFW 模型，全面评价研究区公路洪灾风险情况。

　　运用 SPSS22 软件，对研究区中 12000 条河段进行拟合，对雨洪流量、流速、水位线性回归关系进行拟合，对降水量化指标特征值进行线性回归拟合，结果如

式(4.15)所示：

$$\begin{cases} Q = 1.174P + 0.631h + 0.822v \\ v = 0.713P - 0.751Q + 1.022h \\ h = 0.943v + 0.18Q - 1.251 \end{cases} \tag{4.15}$$

式中，Q——断面流量；

　　　P——降雨强度；

　　　h——水位；

　　　v——流速。

拟合结果显示，水位参数指标拟合值为 0，显著值小于 0.01，其结果都能通过检验，且具有明显的显著性。检验过程中，流速拟合关系式中常数检验值为 0.173，因此拟合过程中流量与流速拟合关系式缺乏常数项；在拟合过程中，水位检验值为 0.246，其检验值大于 0.01，未能通过显著性检验，流速拟合关系式中降水量检验值为 0.192，断面流量检验值为 0.064，也未能通过显著性检验。对于未通过显著性检验的关系式，需要对其进行标准化后再进行关系拟合，最终使显著性通过检验，完成量化指标转换关系拟合；在水位拟合关系式中，降水量相较于流速显著性较小，因此系统进行变量排除，在其拟合关系式中，未出现降雨强度阈值变量。

部分径流在降雨较少的情况下难以形成径流，在理想条件下，对不同等级的河网数据取平均值，利用经验公式推理山区天然径流关系，巫山县山区径流量化指标拟合关系结果 $R^2 > 0.99$，具有明显的显著性。

不同等级河流量化研究得出，山区不同等级径流，其流量、流速、水位变化等参数指标变化差异明显，且在不同降雨强度下，水文参数量化指标特征值也不相同。

山区径流量化指标拟合关系如图 4.23(a)所示。由图可以看出，随着降雨强度的变化，水位的变化趋势比流速快，降水量达到 185mm 时，水位与流速特征值相同，而此时特征值介于暴雨与大暴雨之间，即在大暴雨特征值之前，山区径流水位变化趋势比流速快，而在大暴雨及特大暴雨时，流速变化趋势比水位快；图 4.23(b)反映出水位与流速呈线性关系，且随着水位上涨，流速与断面流量变化幅度也增大。

洪水淹没范围即为洪水致灾范围，然而山区地形存在低洼点，洪水上升曲线不等同地形起伏曲线，即需要对原始地形坡度进行修正。

巫山县地形坡度介于 0°～78°，经修正后，整体坡度阈值范围未发生改变。变化幅度较大的区域集中在东北部、西南部和长江干流沿线。修正坡度如图 4.24(b)所示，由图可以看出，坡度较小的区域内不会出现碎屑斑块，相较于原

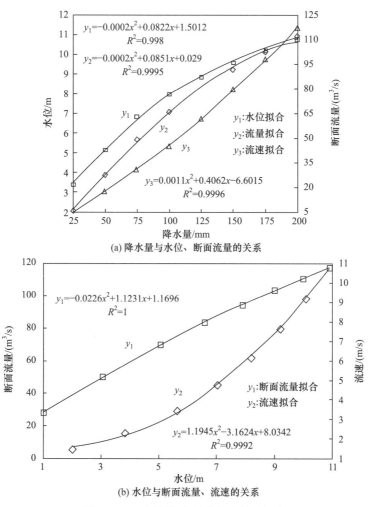

图 4.23 巫山县降雨-径流量化关系拟合

始坡度，阈值、修正坡度在不同等级阈值下有所下降，整体坡度阈值与原始坡度保持一致；原始坡度阈值为 0°~13°、14°~21° 等级时，坡度修正幅度最大。

1. 水文参数致灾机制分析

在不同降水强度下逐一获取相应洪水流量、流速、水位等水文信息，山区径流洪水具有持续效应短、地形地貌复杂等特点，选择统计降水量时间为 24h，实测降水量为 25mm、50mm、75mm、100mm、125mm、150mm、175mm、200mm 作为不同等级阈值，通过不同降雨强度求取指标特征值，结合经验公式对相应指标进行量化，并对其进行转换关系拟合，得出相应转换关系式，从而为研究区域风险评估提供量化指标。

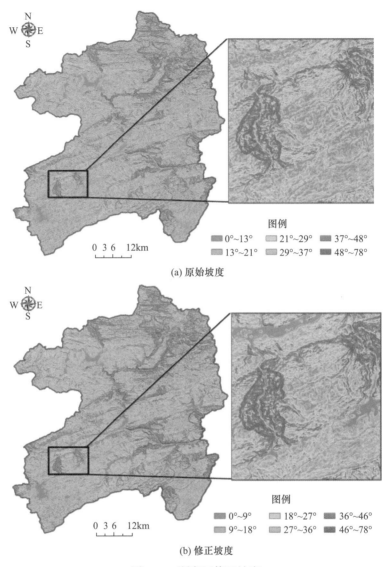

(a) 原始坡度

图例
0°~13°　21°~29°　37°~48°
13°~21°　29°~37°　48°~78°

(b) 修正坡度

图例
0°~9°　18°~27°　36°~46°
9°~18°　27°~36°　46°~78°

图 4.24　研究区修正坡度

在不同降雨强度下，流速由 0.15m/s 变化至 79.31m/s，水位从 0.01m 增长至 35.10m。由此可见，水位变化幅度比流速变化小，但水位的变化趋势比流速明显。由此可知，水位变化更易引发地质灾害，而流速对河岸的冲刷以及小桥涵、道路边坡的冲击效应较为明显。

2. 公路洪灾预警分析

公路暴雨洪灾预警模型为降水强度达到一定程度后威胁到公路运行状态的一

种预警模型，通过分析暴雨机制下流域水位、流速、流量特征值，结合公路周边孕灾环境定性、定量分析公路沿线的危险程度。本节通过对巫山县山区径流降水量化特征值、孕灾环境、流域特征等指标进行综合分析，得出巫山县综合公路暴雨洪灾致灾预警模型，并对研究区公路进行危险等级划分，结合巫山县地形地貌类型、土壤特性、植被覆盖度、救灾抢险能力等指标对公路暴雨洪灾预警进行分析。

3. 沿河公路危险等级指标评定

山区降雨-径流对公路破坏性巨大，尤其是在暴雨时期，公路潜在的危险性较大。公路距离河流的远近、距离水面高度等因素影响公路的运营安全，根据径流、水位、高程等水文参数，对山区公路建立一定宽度的缓冲区进行危险性分析。本节根据沿河公路致灾因子，首先建立 5m、15m、25m、50m、75m、100m 多环缓冲区，再结合水位高度，建立 1m、2m、3m、4m、5m 多环缓冲区，最后将建立的缓冲区与研究区路网进行叠加，得到研究区沿河公路。

沿河公路危险等级评定与沿河公路致灾因子相关，根据公路与河流的距离、公路与河流的水面高差进行沿河公路危险等级划分，结合量化指标进行研究区公路洪灾危险性分析。

4. 降水量化指标空间变化趋势分析

降水量阈值不同，公路洪灾易发程度不同，在降雨较少的情况下，下渗折减作用使部分流域未能形成径流，公路洪灾发生的可能性较小，然而对于等级较高的径流，即使在降雨较少的情况下，由于研究区产流与汇流量化指标特征值较大，也对公路具有一定的损毁能力。随着降雨强度的增加，在大雨及暴雨以上情景下，山区径流洪水突发迅猛，极易损毁公路，因此需要对其进行多情景分析，通过量化指标对山区径流进行空间变化检测，在不同降水强度下对山区沿河公路进行水位、流速、流量空间变化趋势分析，并结合巫山县公路沿线孕灾环境、自然及人为因素进行预警。

巫山县沿河公路较多，暴雨引发的洪水灾害频繁。由不同降水强度量化指标空间变化(图 4.25(a))可以看出，暴雨使其径流水位上升区域较多，且上升幅度较大，水位变化主要集中在等级较高的径流周边区域，降水阈值从 25mm 上升至 200mm 的过程中，研究区域水位随之上升 35%～214%；水位上升区域大多集中在巫山县中部与南部；同时，中部长江区域径流水位上升幅度较大，导致周边径流水位上升迅猛，进而导致一些沿江公路被洪水淹没的可能性较大；巫山县的北部区域水位变化明显，水位变化幅度大。在暴雨情景下，水位突涨导致公路桥涵、边坡排水沟等区域堵塞，进而导致公路洪灾发生。

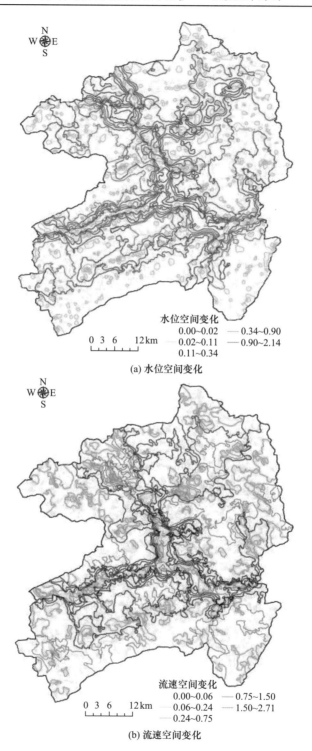

水位空间变化

0.00~0.02 —— 0.34~0.90
0.02~0.11 —— 0.90~2.14
0.11~0.34

0 3 6 12km

(a) 水位空间变化

流速空间变化

0.00~0.06 —— 0.75~1.50
0.06~0.24 —— 1.50~2.71
0.24~0.75

0 3 6 12km

(b) 流速空间变化

流量空间变化
0.00~0.02　　0.58~1.58
0.02~0.15　　1.58~2.56
0.15~0.58

0　3　6　　12km

(c) 流量空间变化

图 4.25　巫山县降水强度量化指标空间变化趋势

　　相较于水位变化，流速与流量空间变化趋势较为缓和，变化较大的区域为等级较低的径流，与此同时，与其量化指标特征值拟合分析相证实。由图 4.25(b)可以看出，巫山县径流流速变化幅度为 0%～150%，综合巫山地形地貌、土壤特性、山区径流量化指标分析，径流比降较大、坡度较陡、径流阻碍系数(糙率)较低等区域流速变化快；研究区东北部、中部、西南部流速变化幅度较大，南部与东北部相比，流速变化幅度相对较小，由此可预测出研究区北部与南部公路洪灾发生的可能性较大。

　　流量空间变化趋势如图 4.25(c)所示，巫山县东北部流量变化区域较大，且变化幅度较大，而西南部变化趋势相对较小；受汇流累积效应流量变化区域多集中在长江及等级较高的径流区域，而等级较低的山区径流流量出现骤变情况；巫山东北部地形地貌复杂，坡度较陡，在暴雨情景下，河水流量变化率快，公路洪灾发生的可能性较大。

　　山区径流量化指标空间趋势变化反映出洪水对公路安全性威胁巨大，量化指标在不同降水阈值下水位的空间变化趋势最为剧烈，影响范围最广，流量与水位空间变化效应作用于等级较高的径流，而流速凸显山区径流特征；径流等级较高的区域量化指标空间变化更为敏感，而等级较低的径流，在暴雨情景下更易发生公路洪灾。

5. 公路暴雨洪灾致灾预警模型分析

在暴雨及特大暴雨情景下，单一量化指标空间分析不足以评定研究区公路洪灾，还需要联立洪灾孕灾空间、量化指标、地形地貌、自然及社会因子等指标，构建完善的 HFW 模型，通过对实际发生的公路洪灾点与易发分区进行对比，进而验证模型的准确性，最终实现研究区域公路洪灾预警评价。

HFW 模型显示如图 4.26 所示，巫山县北部与东北部极易发生洪灾，大部分区域呈现极高危险与高危险状态，且极高易发区较为集中；西南部、东部与中部部分区域发生公路洪灾的可能性较大，以高易发区与中易发区为主，西北部、中部与南部发生公路洪灾的概率较低。沿江公路治理较好，灾害易发程度较小，该区域地势较为平坦，且具有抢险救灾应急响应能力强等特性；整体来看，巫山县公路洪灾易发性较高，易发程度介于轻度和高度之间。

2018 年 6 月，巫山县普降暴雨，其中三溪乡降水量达 208mm，最大降水强度为 60mm/h，两坪乡辖区、三溪乡辖区、双龙镇辖区等多条乡镇公路受损严重，导致大部分公路无法通行。在评价模型中，两坪乡辖区、三溪乡辖区、双龙镇辖区、笃坪乡境内公路的洪灾易发性较强，双龙镇、大昌镇、龙溪镇、金坪乡、竹

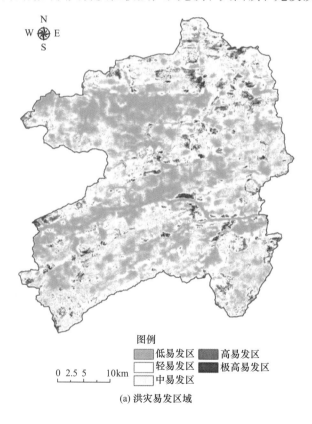

(a) 洪灾易发区域

图例
0 2.5 5　10km
—— 低易发区　　—— 中易发区　　—— 极高易发区
—— 轻易发区　　—— 高易发区

(b) 公路洪灾风险分区

图 4.26　巫山县 HFW 模型

贤乡等乡镇辖区的洪灾易发性较弱，主干道通行顺畅，可见，HFW 模型评价结果准确性较高。

各区域路网密度与公路洪灾易发程度不同，使其每一路段公路洪灾发生的可能性不同，因此需要对其进行定性和定量分析。由图 4.26(b)可知，巫山县北部的官阳镇、当阳乡、平河乡、金坪乡公路洪灾易发程度极高，大部分路网在高易发区与极高易发区，当阳乡、平河乡路网密度较低，但洪灾发生的易发路段所占比例较大；南部的红椿土家族乡、铜鼓镇、建平乡、三溪乡、邓家土家族乡洪灾易发程度高，且研究区内路网密集，易发路段所占比例高；巫山县公路洪灾易发程度较小路段集中在西北部的大昌乡、双龙镇、中部巫峡镇城区以及南部的官渡镇、抱龙镇与培石乡，路段洪灾易发程度在中等以下，部分路段潜在的洪灾危险性较高。整体上，巫山县公路洪灾易发程度高，东北部公路洪灾发生的可能性大。

6. 小结

降水量化指标为山区公路洪灾预警模型提供评定依据，在不同降水强度阈值下，根据水位、流速、流量等空间影响范围进行公路洪灾易发区域等级界定，结合研究区地形地貌类型、土壤特征、植被覆盖度等指标建立公路洪灾预警模型。本节在不同降雨情景下，通过国内外雨洪经验公式对量化指标进行推导，并计算出研究区山区径流量化指标特征值，通过线性回归拟合，建立量化指标之间的转换关系。在暴雨情景下，利用量化指标进行预警等级划定，并结合巫山县公路洪灾孕灾环境、自然社会因子和抢灾救灾能力等因素，构建 HFW 模型，通过对实际发生的公路洪灾点与易发分区进行对比，进而验证模型的准确性。本节研究的降雨指标量化多为经验公式推导，尚存在不足之处，后续研究将综合考虑更多的公路洪灾影响因素，完善 HFW 模型，结论如下：

(1) 通过不同降雨强度阈值对水位、流速、流量关系进行转换与拟合，量化指标拟合关系式最终可以通过显著性检验，且显著性明显；在暴雨情景下，水位变化更易引发洪灾，其变化幅度大于流速，而在大暴雨及特大暴雨以上情景下，流速变化幅度大于水位。

(2) 在不同降水阈值下，水位空间变化最为剧烈，影响范围最广，流量与水位作用于等级较高的河流，且河流等级越高，量化指标空间变化越剧烈；在暴雨情景下，等级较低的径流更易发生公路洪灾，HFW 模型显示，巫山县公路洪灾易发性强，东北部与西南部为公路洪灾易发区域，整个研究区公路洪灾易发性介于轻度和高度之间。

参考文献

白子培, 陈洪凯, 张智洪. 1993. 四川省公路水毁环境区划初探[J]. 重庆交通学院学报, 12(1): 50-55.

蔡新玲, 蔡依晅, 叶殿秀, 等. 2017. 渭河流域降雨结构时空演变特征[J]. 水土保持研究, 24(6): 370-375.

常直杨, 王建, 白世彪, 等. 2014. 基于DEM数据的地貌分类研究——以西秦岭为例[J]. 中国水土保持, (4): 56-59.

陈朝亮, 林玲, 李强, 等. 2019. 内江市生态地质环境质量综合评价[J]. 西南科技大学学报, 34(1): 20-25.

陈洪凯, 唐虹梅, 吴承平, 等. 1994. 四川省公路水毁与地质环境的关系探讨[J]. 重庆交通学院学报, (4): 24-33.

陈俊明. 2012. 基于情景模拟的小山洪灾害预警方法研究与系统实现[D]. 福州: 福建师范大学.

陈玲玲, 蓝标, 陈晓宏, 等. 2014. 华南地区滨江小流域降水量空间插值方法对比研究[J]. 水电能源科学, 32(9): 6-10.

陈晓燕, 张娜, 吴芳芳. 2014. 降雨和土地利用对地表径流的影响——以北京北护城河周边区域为例[J]. 自然资源学报, 29(8): 1391-1402.

陈学兄, 常庆瑞, 毕如田, 等. 2018. 地形起伏度最佳统计单元算法的比较研究[J]. 水土保持研究, 25(1): 52-56.

陈学兄, 张小军, 常庆瑞. 2016. 陕西省地形起伏度最佳计算单元研究[J]. 水土保持通报, 36(3): 265-270, 370.

程三友, 王红梅, 李英杰. 2011. 渭河水系流域地貌特征及其成因分析[J]. 地理与地理信息科学, 27(3): 45-49.

程尊兰, 耿学勇, 党超, 等. 2006. 川藏公路G317线路基水毁危险度分段研究[J]. 灾害学, 21(4): 18-23.

崔梦瑞, 林孝松, 牟凤云, 等. 2018. 重庆市巫山县公路洪灾多尺度孕灾环境评价[J]. 水电能源科学, 36(11): 60-63, 21.

邓景成, 高鹏, 穆兴民, 等. 2018. 模拟降雨条件下黄土区SCS模型的参数率定[J]. 水土保持研究, 25(5): 205-210.

董文涛, 程先富, 张群, 等. 2012. SCS-CN模型在巢湖流域地表产流估算中的应用[J]. 水土保持通报, 32(3): 174-177, 187.

杜鹃, 何飞, 史培军. 2006. 湘江流域洪水灾害综合风险评价[J]. 自然灾害学报, 15(6): 38-44.

方向池. 1999. 公路水毁与地质环境[J]. 公路, (11): 56-62.

冯快乐, 周建中, 江焱生, 等. 2018. 基于BP神经网络的湖北省山洪灾害危险性评价[J]. 自然灾害学报, 27(1): 148-154.

符素华, 王红叶, 王向亮, 等. 2013. 北京地区径流曲线数模型中的径流曲线数[J]. 地理研究, 32(5): 797-807.

付建新, 曹广超, 李玲琴, 等. 2018. 1960—2014年祁连山南坡及其附近地区降水时空变化特征[J]. 水土保持研究, 25(4): 152-161.

郭卫国, 陈喜, 张润润. 2016. 基于降雨分布不均匀性的空间插值方法适用性研究[J]. 水力发电,

42(6): 14-17, 38.

贺山峰, 高秀华. 2016. 洪涝灾害成灾机理分析及应对策略研究[J]. 河南理工大学学报(社会科学版), 17(2): 187-192.

黄朝迎, 张清. 2000. 暴雨洪水灾害对公路交通的影响[J]. 气象, 26(9): 12-15.

黄大鹏, 刘闯, 彭顺风. 2007. 洪灾风险评价与区划研究进展[J]. 地理科学进展, 6(4): 11-22.

黄华平, 梁忠民, 任立新, 等. 2017. 一种基于信息扩散理论的降雨空间插值方法[J]. 水电能源科学, 35(11): 1-5.

黄清雨, 董军刚, 李梦雅, 等. 2016. 暴雨内涝危险性情景模拟方法研究——以上海中心城区为例[J]. 地球信息科学学报, 18(4): 506-513.

黄廷林, 马学尼. 2014. 水文学[M]. 北京: 中国建筑工业出版社.

吉中会, 吴先华. 2018. 山洪灾害风险评估的研究进展[J]. 灾害学, 33(1): 162-167, 174.

贾茜淳, 张豫, 丛沛桐. 2018. 钟山县山洪地质灾害风险评估与预警[J]. 水土保持研究, 25(1): 208-214.

贾薛, 唐彦君. 2017. 山丘区流域暴雨空间插值方法的比较[J]. 中国农村水利水电, (2): 86-89, 93.

江锦红, 邵利萍. 2010. 基于降雨观测资料的公路洪灾预警标准[J]. 水利学报, 55(4): 458-463.

江强强, 方堃, 章广成. 2015. 基于新组合赋权法的地质灾害危险性评价[J]. 自然灾害学报, 24(3): 28-36.

蒋佩华. 2007. 重庆市城口县山洪灾害成因分析及对策研究[D]. 重庆: 西南大学.

蒋新宇, 范久波, 张继权, 等. 2009. 基于 GIS 的松花江干流暴雨洪涝灾害风险评估[J]. 灾害学, 24(3): 51-56.

蒋育昊, 刘鹏举, 夏智武, 等. 2018. PRISM 模型在复杂地形月降雨空间插值中的可行性研究[J]. 水土保持研究, 25(1): 57-61.

焦胜, 韩静艳, 周敏, 等. 2018. 基于雨洪安全格局的城市低影响开发模式研究[J]. 地理研究, 37(9): 1704-1713.

金牧青, 田国行, 白天, 等. 2018. 不同空间布局对城市降雨径流的影响[J]. 水土保持通报, 38(2): 33-39.

久保田哲也, 正务章, 板桓昭彦. 1990. 流域任意地点短时间降雨预测法, 土石流发生危险度评定图[J]. 新砂防, 42(6): 11-17.

孔凡哲, 李莉莉. 2005. 利用 DEM 提取河网时集水面积阈值的确定[J]. 水电能源科学, 23(4): 65-67, 93.

孔锋, 吕丽莉, 方建, 等. 2017. 基于中国气候变化区划的 1951—2010 年暴雨统计分析[J]. 水土保持研究, 24(5): 189-196, 203.

郎玲玲, 程维明, 朱启江, 等, 2007. 多尺度 DEM 提取地势起伏度的对比分析——以福建低山丘陵区为例[J]. 地球信息科学, 12(6): 1-6, 135-136.

李奋生, 赵国华, 李勇, 等. 2015. 龙门山地区水系发育特征及其对青藏高原东缘隆升的指示[J]. 地质评论, 61(2): 345-355.

李家春, 田伟平, 陈建壮. 2006. 公路边坡水毁灾害等级快速评估方法[J]. 长安大学学报(自然科学版), 32(2): 27-30.

李金洁, 王爱慧. 2019. 基于西南地区台站降雨资料空间插值方法的比较[J]. 气候与环境研究,

24(1): 50-60.

李梦梅, 牟凤云, 林孝松, 等. 2018. 基于 GIS 的公路洪灾危险性空间模糊综合评价[J]. 中国安全科学学报, 28(11): 149-155.

李苗苗, 吴炳方, 颜长珍, 等. 2004. 密云水库上游植被覆盖度的遥感估算[J]. 资源科学, 28(4): 153-159.

李青, 王雅莉, 李海辰, 等. 2017. 基于洪峰模数的山洪灾害雨量预警指标研究[J]. 地球信息科学学报, 19(12): 1643-1652.

李润奎, 朱阿兴, 陈腊娇, 等. 2013. SCS-CN 模型中土壤参数的作用机制研究[J]. 自然资源学报, 28(10): 1778-1787.

李新坡, 莫多闻, 朱忠礼. 2006. 侯马盆地冲积扇及其流域地貌发育规律[J]. 地理学报, 73(3): 241-248.

李忠燕, 田其博, 张东海, 等. 2018. 遵义市不同地质灾害易发区滑坡临界雨量研究[J]. 水土保持通报, 38(6): 217-223, 239.

李宗梅, 魏锦旺, 满旺, 等. 2016. 基于 D8 算法和 Dinf 算法的水系提取研究[J]. 水资源与水工程学报, 27(5): 42-45.

林孝松, 陈洪凯, 王先进, 等. 2012. 西南地区公路洪灾孕灾环境分区[J]. 长江流域资源与环境, 21(2): 251-256.

林孝松, 陈洪凯, 王先进, 等. 2013. 重庆市涪陵区 G319 公路洪灾风险评估研究[J]. 长江流域资源与环境, 22(2): 244-250.

林孝松, 刘强, 陈洪凯, 等. 2015. 四川省县域公路洪灾危险评价研究[J]. 灾害学, 30(4): 79-84.

凌建明, 官盛飞, 崔伯恩. 2008. 重庆市公路水毁环境区划指标的研究[J]. 水土保持通报, 28(3): 141-147.

刘家福, 李京, 刘荆, 等. 2008. 基于 GIS/AHP 集成的洪水灾害综合风险评价: 以淮河流域为例[J]. 自然灾害学报, 17(6): 110-114.

刘洁, 陈晓宏, 许振成, 等. 2015. 降雨变化对东江流域径流的影响模拟分析[J]. 地理科学, 35(4): 483-490.

刘淑雅, 江善虎, 任立良, 等. 2017. 基于分布式水文模型的山洪预警临界雨量计算[J]. 河海大学学报(自然科学版), 45(5): 384-390.

刘致远, 王金亮. 2017. 基于 SRTM DEM 的滇中地区地貌形态研究[J]. 云南地理环境研究, 29(6): 9-15, 27.

路遥, 徐林荣, 陈舒阳, 等. 2014. 基于博弈论组合赋权的泥石流危险度评价[J]. 灾害学, 29(1): 194-200.

马保成, 田伟平, 李家春. 2012. 山区沿河公路水毁危险性评价方法的研究[J]. 自然灾害学报, 21(3): 224-229.

牟凤云, 杨猛, 林孝松, 等. 2020a. 基于机器学习算法模型的巫山县洪水灾害研究[J]. 中山大学学报(自然科学版), 59(1): 105-113.

牟凤云, 杨猛, 余情, 等. 2020b. 基于 RF-RUSLE 模型的水土流失性公路自然灾害风险评估——以重庆市巴南区为例[J]. 重庆交通大学学报(自然科学版), 39(11): 114-121.

毛以伟, 周月华, 陈正洪, 等. 2005. 基于因子对湖北省山地灾害影响的分析[J]. 岩土力学, 26(10): 1657-1662.

苗茜, 谢志清, 曾燕, 等. 2018. 基于统计-FloodArea 模型的平原水网区致灾临界雨量研究[J]. 自然资源学报, 33(9): 1563-1574.

蒲阳, 罗明良, 刘维明, 等. 2018. 基于 DEM 的山顶点关联特征研究——以川东褶皱山系华蓥山主峰区为例[J]. 地理与地理信息科学, 34(4): 96-100.

齐洪亮, 田伟平, 李家春. 2014a. 山区沿河路基水毁灾害风险定量评价方法[J]. 自然灾害学报, 23(2): 271-277.

齐洪亮, 田伟平, 王栋, 等. 2014b. 公路洪水灾害危险性评价指标[J]. 灾害学, 29(3): 44-47.

权瑞松. 2018. 基于情景模拟的上海土地利用变化预测及其水文效应[J]. 自然资源学报, 33(9): 1552-1562.

申红彬, 徐宗学, 李其军, 等. 2016. 基于 Nash 瞬时单位线法的渗透坡面汇流模拟[J]. 水利学报, 47(5): 708-713.

沈水进, 孙红月, 钟杰, 等. 2013. 基于降雨量等级指数法的公路水毁预警预报[J]. 中南大学学报(自然科学版), 44(5): 1996-2001.

沈天元, 马细霞, 郭良, 等. 2018. 基于不同雨型的裴河小流域公路洪灾灾害临界雨量分析[J]. 水文, 38(6): 37-41.

石林, 曾光明, 张硕辅, 等. 2009. 基于 G1S 的复杂河网区域洪水灾害风险评价[J]. 湖南大学学报(自然科学版), 36(7): 68-72.

史云刚. 2013. 喀什库尔干流域河流地貌参数提取及其新构造意义[D]. 武汉: 中国地质大学.

史忠植. 2009. 神经网络[M]. 北京: 高等教育出版社.

宋楠, 马振峰, 范广洲, 等. 2018. 基于分布式水文模型的嘉陵江流域暴雨洪涝致灾风险阈值研究[J]. 西南大学学报(自然科学版), 40(2): 186-192.

覃庆梅. 2011. 涪陵区公路洪灾孕灾环境分区[D]. 重庆: 重庆交通大学.

覃庆梅, 林孝松, 唐红梅. 2011. 重庆市万州区公路洪灾孕灾环境分区[J]. 重庆交通大学学报(自然科学版), 30(1): 89-94.

唐红梅, 廖学海, 陈洪凯. 2014. 基于模糊概率的阿坝州公路洪灾孕灾环境分区[J]. 灾害学, 29(4): 52-56.

唐红梅, 廖学海, 陈洪凯. 2015. 四川省甘孜州公路洪灾孕灾等级划分[J]. 公路, 60(9): 162-168.

唐红梅, 廖学海, 杨刚, 等. 2018. 四川省雅安市公路洪灾风险评估研究[J]. 西南大学学报(自然科学版), 40(10): 120-126.

唐永鹏. 2017. 基于地貌瞬时单位线汇流模型的公路洪灾灾害临界雨量研究[D]. 西安: 西安理工大学.

田佳. 2014. 山区公路洪灾孕灾环境分区及危险性评价[D]. 重庆: 重庆交通大学.

王东生. 2002. 洪灾过后谈水土保持——加强水土保持是减少洪涝灾害的关键途径[J]. 湖南水利水电, (6): 32-33.

王雷, 赵冰雪. 2018. 基于 ASTER GDEM 的皖南低山丘陵区地貌类型划分研究[J]. 安庆师范大学学报(自然科学版), 24(1): 83-87.

王亚玲, 田伟平. 2005. 小桥涵抗水灾综合评价指标[J]. 长安大学学报(自然科学版), 25(5): 51-53.

王燕云. 2018. 小流域公路洪灾灾害临界雨量计算及其影响因素分析[D]. 郑州: 郑州大学.

吴素芬, 张国威. 2003. 新疆河流洪水与洪灾的变化趋势[J]. 冰川冻土, 25(2): 199-203.

吴小君, 方秀琴, 任立良, 等. 2018. 基于随机森林的山洪灾害风险评估——以江西省为例[J]. 水土保持研究, 25(3): 142-149.

伍仁杰, 陈洪凯. 2019a. 基于灰色聚类的贵州省县域公路洪灾孕灾环境分区研究[J]. 重庆交通大学学报(自然科学版), 38(4): 88-93.

伍仁杰, 陈洪凯. 2019b. 基于权重合成-TOPSIS 法的重庆公路洪灾危险性评价研究[J]. 重庆师范大学学报(自然科学版), 36(2): 44-51.

解恒燕, 张深远, 侯善策, 等. 2018. 降水量空间插值方法在小样本区域的比较研究[J]. 水土保持研究, 25(3): 117-121.

谢顺平, 都金康, 王腊春, 等. 2005. 利用 DEM 提取流域水系时洼地与平地的处理方法[J]. 水科学进展, 16(4): 535-540.

谢威, 王慧觉. 2002. 森林平均覆盖率与公路水毁因子的关系[J]. 交通环保, 23(4): 5-9.

谢有仁. 2011. 湟水流域水系组成及分布特征[J]. 水利科技与经济, 17(1): 72-73.

熊昱, 方怒放, 史志华. 2017. 基于可变源区理论的 SCS 模型改进及其应用[J]. 水土保持研究, 24(2): 289-292, 299.

徐勇, 孙晓一, 汤青, 等. 2015. 陆地表层人类活动强度: 概念, 方法及应用[J]. 地理学报, 70(7): 1068-1079.

闫宝伟, 十雨, 郭生练, 等. 2017. 离散厂义 Nash 汇流模型及其在河道洪水演算中的应用[J]. 水利学报, 48(7): 1-6.

杨满根, 陈星. 2017. 气候变化对淮河流域中上游汛期极端流量影响的 SWAT 模拟[J]. 生态学报, 37(23): 8107-8116.

杨燕, 王慧觉, 杨运娥, 等. 2004. 湖北省公路水毁因子与降雨因子的关系分析[J]. 交通环保, 25(4): 8-10, 17.

尹超, 田伟平, 李家春. 2015. 山区公路洪水灾害危险性区划[J]. 合肥工业大学学报(自然科学版), 38(4): 538-542.

于泽兴, 胡国华, 陈肖, 等. 2017. 近 45 年来浏阳河流域极端降水变化[J]. 水土保持研究, 24(5): 139-143.

曾蓉. 2011. 重庆市万州区公路洪灾风险评价[D]. 重庆: 重庆交通大学.

曾蓉, 陈洪凯, 李俊业. 2010a. 熵权模糊综合评价法在公路洪灾危险性评价中的应用[J]. 重庆交通大学学报(自然科学版), 29(4): 587-591.

曾蓉, 李俊业, 王宝亮. 2010b. 基于熵权的模糊综合评价法在公路洪灾风险评价中的应用[J]. 地质灾害与环境保护, 21(3): 83-87.

张红萍. 2013. 山区小流域洪水风险评估与预警技术研究[D]. 北京: 中国水利水电科学研究院.

张家明, 王志奇, 张勇, 等. 2011a. 云南省公路水毁时空分布宏观约束机制[J]. 灾害学, 26(3): 35-40.

张家明, 徐则民, 刘华磊. 2011b. 云南省公路水毁时空分布与态势[J]. 山地学报, 29(1): 109-115.

张锦明, 游雄. 2013. 地形起伏度最佳分析区域预测模型[J]. 遥感学报, 17(4): 728-741.

张竞, 杜东, 白耀楠, 等. 2018. 基于 DEM 的京津冀地区地形起伏度分析[J]. 中国水土保持, (9): 33-37.

张李川. 2017. 小流域雨型对公路洪灾灾害临界雨量的影响研究[D]. 郑州: 郑州大学.

张倩. 2018. 考虑降雨不确定性的洪水预报预警方法研究与应用[D]. 大连: 大连理工大学.

张兴奇, 徐鹏程, 顾璟冉. 2017. SCS 模型在贵州省毕节市石桥小流域坡面产流模拟中的应用[J]. 水土保持通报, 37(3): 321-328, 333.

张颖, 赵宇鸾. 2016. 基于 DEM 的横断山县域山区类型划分[J]. 贵州师范大学学报(自然科学版), 34(6): 8-14.

赵磊, 杨逢乐, 袁国林, 等. 2015. 昆明市明通河流域降雨径流水量水质 SWMM 模型模拟[J]. 生态学报, 35(6): 1961-1972.

郑鑫, 杨涛, 师鹏飞, 等. 2017. 缺资料地区日降雨空间插值方法研究[J]. 中国农村水利水电, (3): 13-16.

钟静, 卢涛. 2018. 中国西南地区地形起伏度的最佳分析尺度确定[J]. 水土保持通报, 38(1): 175-181, 186.

钟鸣音, 唐红梅, 陈洪凯. 2011. 重庆万州区公路网洪灾危险性评价[J]. 重庆交通大学学报(自然科学版), 30(4): 828-832.

周德群. 2007. 系统工程概论[M]. 北京: 科学出版社.

朱平一, 汪阳春. 2001. 西藏公路水毁灾害[J]. 自然灾害学报, 10(4): 148-152.

Arabameri A, Rezaei K, CerdàA, et al. 2019. A comparison of statistical methods and multi-criteria decision making to map flood hazard susceptibility in Northern Iran[J]. Science of the Total Environment, 660: 443-458.

Cai H, Rasdorf W, Tilley C. 2007. Approach to determine extent and depth of highway flooding[J]. Journal of Infrastructure Systems, 13(2): 157-167.

De Silva M, Kawasaki A. 2018. Socioeconomic vulnerability to disaster risk: A case study of flood and drought impact in a rural Sri Lankan community[J]. Ecological Economics, 152: 131-140.

Fowler K J A, Peel M C, Western A W, et al. 2016. Simulating runoff under changing climatic conditions: Revisiting an apparent deficiency of conceptual rainfall-runoff models[J]. Water Resources Research, 52(3): 1820-1846.

Hanse A. 1984. Landslide Hazard Analysis[M]. Chichester: John Wiley & Sons.

Hollingsworth R, Kovacs G S. 1981. Soil slumps and debris flows: Prediction and protection[J]. Bulletin of the Association of Engineering Geologists, 18(1): 17-28.

Seejata K, Yodying A, Wongthadam T, et al. 2018. Assessment of flood hazard areas using analytical hierarchy process over the Lower Yom Basin, Sukhothai province[J]. Procedia Engineering, 212: 340-347.

Tingsanchali T, Karim M F. 2005. Flood hazard and risk analysis in the southwest region of Bangladesh[J]. Hydrological Processes: An International Journal, 19(10): 2055-2069.

Versini P A. 2012. Use of radar rainfall estimates and forecasts to prevent flash flood in real time by using a road inundation warning system[J]. Journal of Hydrology, 416: 157-170.

Xu Y, Xu X R, Tang Q. 2016. Human activity intensity of land surface: Concept, methods and application in China[J]. Journal of Geographical Sciences, 26(9): 1349-1361.

Yoo C, Lee J, Chang K, et al. 2019. Sensitivity evaluation of the flash flood warning system introduced to ungauged small mountainous basins in Korea[J]. Journal of Mountain Science, 16(5): 971-990.